高等学校物联网专业系列教材

物联网管理

汤兵勇　主　编

赵小红　副主编

中国铁道出版社
CHINA RAILWAY PUBLISHING HOUSE

内 容 简 介

　　本书从企业实际应用的需要出发，较系统地介绍了物联网管理的基本理论方法与应用案例。全书共分四篇，分别为物联网管理基础、物联网云计算服务管理、物联网移动商务管理和物联网客户关系管理。主要讨论了物联网管理的基本概念、体系结构和组成部分、物联网运营管理与商业模式、移动位置管理与移动决策、客户满意与客户忠诚、呼叫中心管理等；并着重加强了物联网管理中的云计算服务管理内容的探讨，阐述了物联网移动服务管理和客户关系管理的具体方法等。本书兼顾学术性与通俗性，注重理论联系实际，叙述时力求深入浅出，简单易懂，并用大量的行业应用案例加以说明，便于广大读者阅读。

　　本书既可作为高等院校相关专业同类课程的教材或教学参考书，也可作为开展物联网应用的企事业单位的内部培训资料。

图书在版编目（CIP）数据

物联网管理 / 汤兵勇主编.—北京：中国铁道出
版社，2012.9
高等学校物联网专业系列教材
ISBN 978-7-113-14719-8

Ⅰ. ①物…　Ⅱ. ①汤…　Ⅲ. ①互联网络－应用－高等
学校－教材　Ⅳ. ①TP393.4

中国版本图书馆CIP数据核字（2012）第108597号

书　　　名：物联网管理
作　　　者：汤兵勇　主编

策　　　划：刘宪兰　　　　　　　　读者热线：400-668-0820
责任编辑：王占清　贾淑媛
封面设计：一克米工作室
编辑助理：巨　凤
责任印制：李　佳

出版发行：中国铁道出版社（100054，北京市西城区右安门西街8号）
网　　址：http://www.51eds.com
印　　刷：北京新魏印刷厂
版　　次：2012年9月第1版　　　2012年9月第1次印刷
开　　本：787mm×1092mm　1/16　印张：16.5　字数：306千
印　　数：1～3 000册
书　　号：ISBN 978-7-113-14719-8
定　　价：32.00元

总　序

物联网是继计算机、互联网和移动通信之后的又一次信息产业的革命性发展。目前物联网被正式列为国家重点发展的战略性新兴产业之一，其涉及面广，从感知层、网络层到应用层均涉及标准、核心技术及产品，以及众多技术、产品、系统、网络及应用间的融合和协同工作；物联网产业链长、应用面极广，可谓无处不在。

近年来，中国的互联网产业迅速发展，网民数量全球第一，在未来物联网产业的发展中已具备基础。当前，物联网行业的应用需求领域非常广泛，潜在市场规模巨大。物联网产业在发展的同时还将带动传感器、微电子、新一代通信、模式识别、视频处理、地理空间信息等一系列技术产业的同步发展，带来巨大的产业集群效应。因此，物联网产业是当前最具发展潜力的产业之一，是国家经济发展的又一新增长点，它将有力带动传统产业转型升级，引领战略性新兴产业发展，实现经济结构的战略性调整，引发社会生产和经济发展方式的深度变革，具有巨大的战略增长潜能，目前已经成为世界各国构建社会经济发展新模式和重塑国家长期竞争力的先导性技术。

物联网技术的发展和应用，不但缩短了地理空间的距离，也将国家与国家、民族与民族更紧密地联系起来，将人类与社会环境更紧密地联系起来，使人们更具全球意识，更具开阔眼界，更具环境感知能力。同时，带动了一些新行业的诞生和社会就业率的提高，使劳动就业结构向知识化、高技术化发展，进而提高社会的生产效益。显然，加快物联网的发展已经成为很多国家包括中国的一项重要战略，这对中国培养高素质的创新型物联网人才提出了迫切的要求。

2010 年 5 月，教育部已经批准了 42 余所本科院校开设物联网工程专业，在校学生人数已经达到万人以上。按照教育部关于物联网工程专业的培养方案，确定了培养目标和培养要求。其培养目标为：能够系统地掌握物联网的相关理论、方法和技能，具备通信技术、网络技术、传感技术等信息领域宽广的专业知识的高级工程技术人才。其培养要求为：学生要具有较好的数学和物理基础，掌握物联网的相关理论和应用设计方法，具有较强的计算机技术和电子信息技术，掌握文献检索、资料查询的基本方法，能顺利地阅读本专业的外文资料，具有听、说、读、写的能力。

物联网工程专业是以多种技术融合形成的综合性、复合型学科，它培养的是适应现代社会需要的复合型技术人才，但是我国物联网的建设和发展任务绝不仅仅是物联网工程技术所能解决的，物联网产业发展需要更多的规划、组织、决策、管理、集成和实施的人才，因此物联网学科建设必须要得到经济学、管理学和法学等学科的合力支撑，因此我们也期待着诸如物联网管理之类的专业面世。物联网工程专业的主干学科与课程包括：信息与通信工程、电子科学技术、计算机科学与技术、物联网概论、电路分析基础、信号与系统、模拟电子技术、数字电路与逻辑设计、微机原理与接口技术、工程电磁场、通信原理、计算机网络、现代通信网、传感器原理、嵌入式系统设计、无线通信原理、无线传感器网络、近距无线传输技术、二维条码技术、数据采集与处理、物联网安全技术、物联网组网技术等。

物联网专业教育和相应技术内容最直接地体现在相应教材上，科学性、前瞻性、实用性、综合性、开放性应该是物联网专业教材的五大特点。为此，我们与相关高校物联网专业教学单位的专家、学者联合组织了"高等学校物联网专业系列教材"，以为急需物联网相关知识的学生提供一整套体系完整、层次清晰、技术先进、数据充分、通俗易懂的物联网教学用书。

本系列教材在内容编排上努力将理论与实际相结合，尽可能反映物联网的最新发展动态，以及国际上对物联网的最新释义；在内容表达上力求由浅入深、通俗易懂；在知识体系上参照教育部物联网教学指导机构最新知识体系，按主干课程设置，其对应教材主要包括《物联网概论》、《物联网经济学》、《物联网产业》、《物联网管理》、《物联网通信技术》、《物联网组网技术》、《物联网传感技术》、《物联网识别技术》、《物联网智能技术》、《物联网实验》、《物联网安全》、《物联网应用》、《物联网标准》、《物联网法学》等相应分册。

本系列教材突出了"理论联系实际、基础推动创新、现在放眼未来、科学结合人文"的特色，对基本概念、基本知识、基本理论给予准确的表述，树立严谨求是的学术作风，注意对相关概念、术语的正确理解和表达；从实践到理论，再从理论到实践，把抽象的理论与生动的实践有机地结合起来，使读者在理论与实践的交融中对物联网有全面和深入的理解和掌握；对物联网的理论、技术、实践等多方面的现状及发展趋势进行介绍，拓展读者的视野；在内容逻辑和形式体例上力求科学、合理、严密和完整，使之系统化和实用化。

自物联网专业系列教材编写工作启动以来，在该领域众多领导、专家、学者的关心和支持下，在中国铁道出版社的帮助下，在本系列教材各位主编、副主编和全体参编人员的努力和辛勤劳动下，在各位高校教师和研究生的帮助下，即将陆续面世了。在此，我们向他们表示衷心的感谢并表示深切的敬意！

虽然我们对本系列教材的组织和编写竭尽全力，但鉴于时间、知识和能力的局限，书中肯定会存在不足之处，离国家物联网教育的要求和我们的目标仍然有距离，因此恳请各位专家、学者以及全体读者不吝赐教，及时反映本套教材存在的不足，以使我们能不断改进完善，使之真正满足社会对物联网人才的需求。

高等学校物联网专业系列教材编委会

2011 年 10 月 1 日

 前　言

随着互联网和物联网的迅速发展，整个世界经济进入了一个从未有过的高速增长期，电子商务和移动商务正在营造一个全球范围内的新经济时代，这种新经济就是利用信息技术，使企业获得新的价值、新的增长、新的商机和新的管理。扑面而来的物联网和云计算热潮在发展新经济的同时，也给传统企业带来了严峻的挑战。

物联网的本质是信息技术应用的泛在化。对于任何物体，均可在任何地点、任何时间用互联网的方式实现互联，并最终纳入管理的范畴。物联网的泛在化性质为低碳经济的发展提供了强有力的支撑。通过物联网在智能交通、智能电网、智能建筑、智能家居、智能环保、智能农业、移动电子商务等多个方面的应用，人类将能够以更加精细和动态的方式管理生产和生活，从而带动全球经济的发展。

有研究机构预测，在未来 10 年，物联网将可能大规模普及，这一技术将会发展成为一个上万亿元规模的高科技市场，其产业要比互联网大近 30 倍。从国际上看，欧盟、美国、日本等都十分重视物联网的工作，并且已作了大量研究开发和应用工作。譬如，美国将物联网当成重振经济的法宝，主要是利用信息通信技术（ICT）来改变美国未来产业发展模式和结构（金融、制造、消费和服务等），改变政府、企业和人们的交互方式，以提高效率、灵活性和响应速度。我国在"物联网"的启动和发展上与国际上其他国家相比并不落后，我国作为全球互联网大国，未来将围绕物联网产业链，在政策市场、研发生产、技术标准、商业应用等方面重点突破，打造全球产业高地。

本书主要从企业实际应用的需要出发，较系统地探讨了物联网管理的基本理论方法与应用案例。全书共分四篇：第一篇为物联网管理基础，主要介绍了物联网的基本概念、技术特点、体系结构和组成部分、物联网运营管理和物联网商业模式等；第二篇为物联网云计算服务管理，主要讨论了云计算的基本概念、特点、关键技术、服务层次、模式分类、经济学分析以及基于云计算的电子商务模式和公共服务平台管理等；第三篇为物联网移动商务管理，主要阐述了移动服务的定义、特点、商业模式、价值链分析以及移动位置管理、移动环境与移动决策等；第四篇为物联网客户关系管理，主要讨论了客户关系管理的定义、内涵、客户关系分类、客户价值发现、客户体验设计、客户满意与客户忠诚、客户模型规划以及呼叫中心等。

本书在参考国内外物联网管理领域的重要文献基础上，针对企业应用需要，适当选择其主要内容加以系统总结和整理，其中部分内容是作者近些年的研究成果。本书兼顾学术性与通俗性，注重理论联系实际，叙述时力求深入浅出、简单易懂，并用大量的行业应用案例分析介绍加以说明，便于广大读者阅读和使用。

　　本书由汤兵勇任主编，负责整体策划和最后统稿；赵小红任副主编，负责部分内容的策划和统稿；张朝晖撰写第 1 章；王勇撰写第 2、3 章；张云峰撰写第 4、5 章；李彦宝撰写第 6 章；毕凌燕撰写第 7 章；周洁撰写第 8、9 章；梁晓蓓撰写第 10～12 章；徐天秀撰写第 13 章。本书在编写过程中曾得到物联网、云计算、电子商务以及移动商务界许多专家、学者、企业家的大力支持和热情帮助，在此一并表示感谢。

　　由于编者水平有限，书中必有不当之处，还望读者批评指正。

编　者

2012 年 7 月

目　　录

第一篇　物联网管理基础

第三篇　物联网移动商务管理

第四篇 物联网客户关系管理

第一篇

物联网管理基础

第 1 章　物联网概述

学习重点

- 物联网的定义、功能与特点
- 物联网对经济发展的影响
- 物联网的体系架构及其各层面的功能
- 物联网的实际应用

1.1 物联网的产生与发展

1.1.1 物联网的概念、功能及特点

1998 年，美国麻省理工大学（MIT）创造性地提出了当时被称做 EPC 系统的"物联网"的构想；1999 年，美国麻省理工大学 Auto-ID 研究中心首先提出"物联网"的概念，称物联网主要是建立在物品编码、RFID 技术和互联网的基础上；2005 年，国际电信联盟（ITU）发布了《ITU 互联网报告 2005：物联网》，综合上面两者的内容，正式提出"物联网"的概念，包括了所有物品的联网和应用。物联网（Internet of Things，IOT）的定义是：通过射频识别（RFID）、红外感应器、全球定位系统、激光扫描器等信息传感设备，按约定的协议，把任何物品与互联网连接起来，进行信息交换和通信，以实现智能化识别、定位、跟踪、监控和管理的一种网络，把所有物品通过互联网连接起来，以实现任何物体、任何人、任何时间、任何地点（4A）的智能化识别、信息交换与管理。

物联网把新一代 IT 技术充分运用在各行各业之中，具体地说，就是把感应器嵌入和装备到电网、铁路、桥梁、隧道、公路、建筑、大坝、油气管道等各种物体中，然后将"物联网"与现有的互联网整合起来，实现人类社会与物理系统的整合。在这个整合的网络当中，存在能力超级强大的中心计算机群，能够对整个网络内的人员、机器、设备和基础设施实施实时管理和控制，在此基础上，人类可以以更加精细和动态的方式管理生产和生活，从而达到"智慧"的状态，提高资源利用率和生产力水平，改善人与自然间的关系。物联网的核心和基础仍然是互联网，是在互联网基础上的延伸和扩展的网络。

1.1.2 物联网起源

2005 年 11 月 17 日，在突尼斯举行的信息社会世界峰会（WSIS）上，国际电信联盟（ITU）发布了《ITU 互联网报告 2005：物联网》。报告指出，无所不在的"物联网"通信时代即将来临，世界上所有的物体从轮胎到牙刷、从房屋到纸巾都可以通过因特网主动进行交换，射频识别技术（RFID）、传感器技术、纳米技术、智能嵌入技术将得到更加广泛的应用。

2009 年 1 月，IBM 首席执行官彭明盛在同新任美国总统奥巴马的会谈中，描述了一个叫做"智慧地球"的概念，建议美国政府投资新一代的智慧型基础设施，而物联网技术正是实现这个伟大工程的关键技术。IBM 希望"智慧地球"策略能掀起了"互联网"浪潮之后的又一次科技革命。过去 IBM 前首席执行官郭士纳曾提出一个重要的观点，认

为计算模式每隔 15 年发生一次变革。这一判断像摩尔定律一样准确，人们把它称为"十五年周期定律"。1965 年前后发生的变革以大型机为标志，1980 年前后以个人计算机的普及为标志，而 1995 年前后则发生了互联网革命。互联网革命在一定程度上是由美国"信息高速公路"战略所催熟的。每一次这样的技术变革都给企业间、产业间甚至国家间竞争格局带来重大变化。20 世纪 90 年代，美国克林顿政府计划用 20 年时间，耗资 2000 亿美元~4000 亿美元，建设美国国家信息基础设施，创造了巨大的经济和社会效益。而今天，"智慧地球"战略被不少美国人认为与当年的"信息高速公路"有许多相似之处，同样被他们认为是振兴经济、确立竞争优势的关键战略。该战略能否掀起如当年互联网革命一样的科技和经济浪潮，不仅为美国关注，更为世界所关注。

根据"智慧地球"战略，IT 产业的未来走向是把新一代的 IT 技术充分运用到各行各业之中，具体而言，就是把感应器嵌入和装备到电网、铁路、桥梁、隧道、公路、建筑、供水系统、大坝、油气管道等各种物体中，并且被普遍连接，逐步形成物联网，然后将物联网与互联网整合起来，实现物理系统和人类社会的整合。而在整合的网络中，超强的中心计算机群能够对网络内的人员、机器、设备以及基础设施实施实时的管理和控制，并在此基础上获得更加智能和动态的方式管理生产和生活，达到"智慧"的状态。按照这种描述，在物联网时代，人们可以通过一部手机，随时开启、关闭家中的电饭煲、热水器，甚至还能在公车、饭店、超市刷卡消费……可以毫不夸张地说，未来的日常生活，通过一个小小的部件就能轻松搞定。目前，随着各国政府对物联网关注的升温，物联网已经陆续被纳入各国政府的信息技术发展战略计划中。

2009 年 5 月，欧盟各国的相关代表在布鲁塞尔举行的一场关于物联网的讨论中，就重点阐述了这些国家对物联网未来发展的战略部署，并且在欧盟随后提出的 14 点行动计划中，物联网也被纳入在内。而在日韩，物联网的发展也受到了类似 RFID 一样的待遇。早在几年前，日本就提出了 U-Japan 战略（物联网国家战略），提出要在 2010 年将日本建成一个可连接的 4U（Ubiquitous、Universal、User-oriented、Unique，随时、随地、任何物体、任何人）网络社会。而在 2009 年，韩国也通过了《物联网基础设施构建基本规划》，并提出到 2012 年构建世界上最先进的物联网基础设施，打造超一流的 ICT（信息通信技术）强国。

在中国，2009 年 8 月 9 日，国务院总理温家宝在无锡中科院物联网技术研发中心视察时，对物联网的应用提出了一些看法和要求，他强调："一是把传感系统和 3G 中的 TD 技术结合起来；二是在国家重大科技专项中，加快推进传感网发展；三是尽快建立中国的传感信息中心，或者叫'感知中国'中心。"同年 11 月 3 日，温家宝总理向北京科技界人士发表的题为《让科技引领中国可持续发展》的讲话中提出："着力突破传感网、物联网关键技术，及早部署后 IP 时代相关技术研发，使信息网络产业成为推动产业升级、迈向信息社会的'发动机'。"

1.1.3　物联网发展远景

物联网用途广泛，遍及智能交通、物流管理、环境保护、政府工作、公共安全、平安家居、智能消防、工业监测、老人护理、个人健康、花卉栽培、水系监测、食品溯源、敌情侦查和情报搜集等多个领域。

国际电信联盟（ITU）于 2005 年的一份报告曾描绘"物联网"时代的图景：当司机出现操作失误时汽车会自动报警；公文包会提醒主人忘带了什么东西；衣服会"告诉"洗衣机对颜色和水温的要求等。例如，一家物流公司引进了装有物联网系统的货车，当装载超重时，汽车会自动提醒司机超载，并且超载多少；如果空间还有剩余，系统会给司机提供一些合理的搭配方式；当搬运人员卸货时，货物可能会有一些语音提示，以便提醒搬运工轻拿轻放。当司机在和别人闲聊时，货车同样会有一些语音提示。

物联网把新一代 IT 技术运用在各行各业中，其核心就是把感应器嵌入和装备到电网、铁路、桥梁、隧道、公路、建筑、供水系统、大坝、油气管道等各种物体中，然后将"物联网"与现有的互联网整合，从而实现人类社会与物理系统的整合。在这个整合的网络中，存在能力超级强大的中心计算机群，能够对整合网络内的人员、机器、设备和基础设施进行实时的管理和控制，在此基础上，人类可以以更加精细和动态的方式管理生产和生活，达到"智慧"的状态，进而提高资源利用率和生产力水平，改善人与自然间的关系。

毫无疑问，如果"物联网"时代来临，人们的日常生活将发生翻天覆地的变化。据科学家分析，物联网产业链可以细分为标识、感知、处理、信息传送、控制管理这五个环节，每个环节的关键技术分别为 RFID、传感器、智能芯片和电信运营商的无线传输网络。EPoSS（the European Technology Platform on Smart Systems Integration，欧洲智能系统集成技术平台）在 *Internet of Things in 2020* 报告中分析预测，未来物联网的发展将经历四个阶段，分别是 2010 年以前，RFID 被广泛应用于物流、零售和制药领域；2010—2015 年，物体实现互连；2015—2020 年，物体进入半智能化；2020 年之后，物体进入全智能化。

作为物联网发展的排头兵，RFID 成为了市场最为关注的技术。相关数据显示，2008 年全球 RFID 市场规模已从 2007 年的 49.3 亿美元上升到 52.9 亿美元，这个数字覆盖了

RFID 市场的方方面面，包括标签、阅读器、其他基础设施、软件和服务等。其中，RFID 卡和其相关基础设施将占市场的 57.3%，达 30.3 亿美元。此外，来自金融、安防行业的应用将推动 RFID 卡类市场的进一步增长。

MEMS（Micro-Electro-Mechanical Systems，微机电系统）主要包括微型机构、微型传感口、微型执行口和相应的处理电路等几部分，MEMS 技术是建立在微米/纳米技术基础之上的，市场前景广阔。MEMS 传感器的主要优势在于体积小、大规模量产后成本下降快，目前主要应用在汽车和消费电子两大领域。根据市场调研公司 ICInsight 相关报告显示，在 2007—2012 年间，全球基于 MEMS 的半导体传感器和制动器的销售额将达到 19% 的年均复合增长率（CAGR），与 2007 年的 41 亿美元相比，2012 年后将实现 97 亿美元的年销售额。

1.1.4　物联网发展对经济的影响

业内专家认为，物联网一方面可以提高经济效益，大大节约成本；另一方面可以为全球经济的复苏提供技术动力。目前，美国、欧盟、中国等都在投入巨资深入研究探索物联网。

此外，在"物联网"普及以后，用于动物、植物和机器、物品的传感器与电子标签及配套的接口装置的数量将大大超过手机的数量。物联网的推广将会成为推进经济发展的又一个驱动器，为产业开拓了又一个潜力无穷的发展机会。按照目前产业对物联网的需求，在近年内就需要传感器和电子标签几亿个，这将大大推进信息技术元件的生产，同时提供了大量的就业机会。要真正建立一个有效的物联网，有两个重要因素：一是规模性，只有具备了规模，才能使物品的智能发挥作用，如一个城市有 100 万辆汽车，如果只在 1 万辆汽车上装智能系统，那么就不可能形成一个完整的智能交通系统；二是流动性，物品通常都不是静止的，而是处于运动的状态，只有保持物品在运动，甚至高速运转下都能随时实现对话。

美国权威调研公司 FORRESTER 预测，到 2020 年，世界上物物互连的业务，跟人与人通信的业务相比，将达到 30∶1，因此，"物联网"被称为是下一个"万亿级"的通信业务。

在中国，中国移动通信公司的相关领导也反复提及，物联网将会成为中国移动未来的发展重点。运用物联网技术，上海移动已为多个行业客户量身打造了集数据采集、传输、处理和业务管理于一体的整套无线综合应用方案。目前，上海移动已将近 10 万个芯片装载在出租车、公交车上，形式多样的物联网应用在各行各业大显神通，确保城市的有序运作。在上海世博会期间，"车务通"已经全面运用于上海公共交通系统，以最先进的技术保障世博园区周边大流量交通的顺畅；面向物流企业运输管理的"e 物流"，为用户提供实时准确的货况信息、车辆跟踪定位、运输路径选择、物流网络设计与优化等服务，大大提升物流企业综合竞争能力。

1.2　物联网产业现状及发展分析

1.2.1　美国的"智慧地球"战略

自 20 世纪 90 年代初以来，美国国防部就将 WSN（Wireless Sensor Network，无线传感网络）作为一项重要的研究领域，并开展了一系列研究。美国国家科学基金会（National Science Foundation，NSF）也制定了 WSN 研究计划，致力于对传感器网络进行基础理论的研究。其"全球环境网络创新项目（GENI）"则把在下一代互联网上组建传感器子网同样也作为一项重点研究课题。此外，许多企业公司也对无线传感器网络进行了相关研究，如 Crossbow、Dust Network、Ember、Chips、Inter、Freescale 等公司均先后推出了商用 WSN 芯片、结点设备和解决方案等。

进入 21 世纪，物联网产业的研究进入国家政府层面，美国国家情报委员会（NIC）以及奥巴马总统等先后颁布了扶持产业发展的政策，积极有效地推动了物联网信息产业的发展。

2009 年，在奥巴马就任总统后的首次美国工商业领袖圆桌会上，IBM 首席执行官建议政府投资新一代的智能型基础设施，并提出了"智慧地球"的发展理念。这一理念涵盖范围包括：银行金融、通信、电子、汽车、航天、能源、公共事业、政府管理、医疗保健、保险业、石油、天然气、零售、交通运输等诸多领域，旨在将感应器嵌入和装配到电网、铁路、建筑、大坝、油气管道等各种物体中，形成物物相连，通过超级计算机和云计算将其整合，实现社会与物理世界融合。这一提议获得了奥巴马的积极肯定，并很快被提升为国家物联网的发展战略。不仅如此，奥巴马还签署了总额为 7 870 亿美元的《美国恢复和再投资法案》（American Recovery and Reinvestment Act，ARRA），指出将在智能电网、卫生医疗信息技术应用和教育信息技术等领域积极推动物联网的应用与发展。

美国的"智慧地球"战略认为：IT 产业下一阶段的任务是把新一代 IT 技术充分运用到各行各业之中。该战略预示着"智慧地球"战略能够带来长短兼顾的良好效益，尤其在当前局势下，对于美国经济甚至世界经济走出困境具有重大意义。首先，在短期经济刺激方面，该战略要求政府投资于诸如智能铁路、智能高速公路、智能电网等基础设施，能够刺激短期经济增长，创造大量的就业岗位；其次，新一代的智能基础设施将为未来的科技创新开拓巨大的空间，有利于增强国家的长期竞争力；第三，能够提高对于有限资源与环境的利用率，有助于资源和环境保护；第四，计划的实施将能建立必要的信息基础设施。

1.2.2　欧盟的新行动计划

2009 年 6 月 18 日，欧盟委员会宣布了新的行动计划，确保欧洲在建构新型互联网的过程中起主导作用。这种新型的互联网能够把各种物品，如书籍、汽车、家用电器甚至食品连接到网络中，简称为"物联网"。欧盟认为，此项行动计划将会帮助欧洲在互联网的变革中获益，同时还提出了将会面临的挑战，如隐私问题、安全问题以及个人的数据保护问题。

欧盟是世界范围内第一个系统地提出物联网发展和管理计划的机构。2005 年 4 月，欧盟执委会正式公布了未来 5 年欧盟信息通信政策框架"i2010"，计划整合不同通信网络、内容服务、终端设备，发展面向未来型、更具市场导向及弹性的技术，以提供一致性的管理架构来适应全球化的数字经济，迎接数字融合时代的来临。

2009 年是欧盟物联网发展的重要纪年。从欧盟委员会到物联网领域的专业研究项目组，先后颁布了多份规划欧洲物联网未来发展动向的相关报告。

2009 年 6 月，欧盟委员会向欧盟议会、理事会、欧洲经济和社会委员会及地区委员会递交了《欧盟物联网行动计划》（Internet of Things—An action plan for Europe），提出了包括物联网管理、安全性保证、标准化、研究开发、开放和创新、达成共识、国际对话、污染管理和未来发展等在内九个方面的 14 点行动内容。其中，管理体制的制定、安全性保障和标准化是行动计划的重点。此外，计划还描绘了欧盟物联网技术的应用前景，提出了改善政府对物联网的管理，推动欧盟物联网产业发展的十条政策建议。

2009 年 9 月，欧盟第七框架 RFID 和物联网研究项目簇（Cluster of European Research Projects on The Internet Of Things：CERP-IOT）发布了《物联网战略研究路线图》研究报告，提出了新的物联网概念，并进一步明确了欧盟到 2010 年、2015 年、2020 年这三个阶段物联网的研究路线图，同时罗列出包括识别技术、物联网架构技术、通信技术、网络技术、软件等在内的 12 项需要突破的关键技术，以及航空航天、汽车、医药、能源等在内的 18 个物联网重点应用领域。同年 11 月，欧盟委员会以政策文件的形式对外发布了《未来物联网战略》，计划让欧洲在基于互联网的智能基础设施发展上引领全球，除了通过 ICT 研发计划提高网络智能化水平外，欧盟委员会拟在 2011—2013 年间进一步加强研发力度，同时拿出专项资金，支持物联网相关公司合作短期项目建设。

2009 年 12 月，欧洲物联网项目总体协调组也发布了《物联网战略研究路线图》，将物联网研究分为感知、宏观架构、通信、组网、软件平台及中间件、硬件、情报提炼、搜索引擎、能源管理、安全等 10 个层面，系统地提出了物联网战略研究的关键技术和路径。

2010 年，在欧盟第七框架计划（FP7）发布的 "2011 年工作计划" 中，确立了 2011 —2012 年期间 ICT 领域需要优先发展的项目，并对有关未来互联网的研究指出将加强云计算、服务型互联网、先进软件工程等相关协调与支持活动。行动计划内容如下：

（1）管理：定义一系列 "物联网" 管理原则，并设计具有足够级别的无中心管理的架构。

（2）隐私及数据保护：严格执行对 "物联网" 的数据保护立法。

（3）"芯片沉默" 的权利：开展是否允许个人在任何时候从网络分离的辩论。公民应该能够读取基本的 RFID（射频识别设备）标签，并且可以销毁它们以保护自己的隐私。当 RFID 及其他无线通信技术使设备小到不易觉察时，这些权利将变得更加重要。

（4）潜在危险：采取有效措施使 "物联网" 能够应对信用、承诺及安全方面的问题。

（5）关键资源：为了保护关键的信息基础设施，把 "物联网" 发展成为欧洲的关键资源。

（6）标准化：在必要的情况下，发布专门的 "物联网" 标准化强制条例。

（7）研究：通过第七研究框架继续资助在 "物联网" 领域的研究合作项目。

（8）公私合作：在正在筹备的四个公私研发合作项目中整合物联网。

（9）创新：启动试点项目，以促进欧盟有效地部署市场化的、互操作性的、安全的、具有隐私意识的 "物联网" 应用。

（10）管理机制：定期向欧洲议会和理事会汇报 "物联网" 的进展。

（11）国际对话：加强国际合作，共享信息和成功经验，并在相关的联合行动中达成一致。

（12）环境问题：评估回收 RFID 标签的难度，以及这些标签对回收物品带来的好处。

（13）统计数据：欧盟统计局将在 2009 年 12 月开始发布 RFID 技术统计数据。

（14）进展监督：组建欧洲利益相关者的代表团，监督 "物联网" 的最新进展。

1.2.3　日本：i-Japan 战略 2015

日本是较早启动物联网应用的国家之一。从 20 世纪 90 年代中期以来，日本政府相继制定了多项国家信息技术发展战略，有序地开展了大规模的信息基础设施建设，为国家后期物联网的发展奠定了良好的基础。进入 21 世纪以来，日本仍然积极推进 IT 立国战略，2000 年首先提出了"IT 基本法"，其发展历程主要涵盖三个主要阶段：e-Japan—u-Japan Ⅱ—i-Japan。日本政府还十分重视采取政策引导的方式推动物联网的发展，根据市场需求变化，对当前的应用给予政策上的积极鼓励和支持，对于长远的规划，则制定了国家示范项目，并用资金等相关扶持方式吸引企业投入技术的研发和推广应用。

1．e-Japan 战略

从 2001 年 1 月开始实施的 e-Japan 战略是以宽带化为核心开展的基础设施建设，该战略主要包括四个方面的内容：一是建设超高速的网络，并尽快普及高速网络的接入；二是制定有关电子商务的法律法规；三是实现电子政务；四是为日本下一个 10 年的经济振兴提供高素质的人才。该战略计划在 5 年内使日本成为世界最先进的 IT 国家。2003 年，提前完成 e-Japan 战略预定任务后，日本 IT 战略部又进一步制定了 e-Japan Ⅱ战略，将发展重点转向推进 IT 技术在医疗、食品、生活、中小企业金融、教育、就业和行政这七个领域的率先应用。e-Japan 系列战略的实施，为后续推动物联网技术的发展提供了信息网络、政策法规、人才储备等的充足条件。

2．u-Japan 战略

日本是世界上第一个提出"泛在"战略的国家，2004 年 5 月日本政府在两期 e-Japan 战略目标均提前完成的基础上，由日本信息通信产业的主管机关总务省（MIC）向日本经济财政咨询会议正式提出了 2006—2010 年间的 IT 发展任务——以发展 Ubiquitous 社会为目标的"U-Japan"战略——到 2010 年将日本建设成一个"实现随时、随地、任何物体、任何人均可连接的泛在网络社会"，该战略的理念是以人为本，实现所有人与人、物与物、人与物之间的连接，其中，物联网包含在泛在网的概念之中，并服务于 u-Japan 及后续的信息化战略。

u-Japan 战略主要立足于基础设施建设和利用，此外还有两大战略重点：国际战略和技术战略。国际战略主要是推进与欧美各国和 WTO、OECD、APEC、ITU 等有关的国际间合作，技术战略则是致力于将日本的实用研发技术推向世界。

2008 年，日本总务省进一步提出了"u-Japan xICT"政策。"x"代表不同领域乘以 ICT 的含义，具体涉及三个领域——"产业 xICT"、"地区 xICT"、"生活（人）xICT"。"产业 xICT"，即通过 ICT 的有效应用，实现产业变革，推动新应用的发展；"地区 xICT"

也就是通过 ICT 以电子方式联系人与地区社会，促进地方经济发展；"生活（人）xICT"也就是有效应用 ICT 达到生活方式变革，实现无所不在的网络社会环境。通过制定明确发展领域方向的"u-Japan xICT"政策，日本政府将 u-Japan 政策的重心从之前关注居民生活品质的提升拓展到带动产业及地区的全面发展，通过各行业、各地区与 ICT 的深化融合，最终有力促进经济增长。

为了实现 u-Japan 战略，日本进一步加强官、产、学、研的有机联合，在具体政策实施上，政府负责统筹和整合，形成民、产、学、官共同参与政策实施的开放性组织管理模式，从而加强在基础设施建设和标准化等各方面的联合协作。

3. i-Japan 战略

全球金融危机爆发后，为了尽快实现经济复苏，同时，也作为 u-Japan 战略的后续发展战略，2009 年 7 月 6 日，日本 IT 战略本部发布了新一代的信息化战略——至 2015 年的中长期信息技术发展战略"i-Japan 战略 2015"（简称为"i-Japan"），其目标是"实现以国民为中心的数字安心、活力社会"。"i-Japan"战略描述了 2015 年日本的数字化社会蓝图，阐述了实现数字化社会的战略。该战略旨在通过打造数字化社会，参与解决全球性的重大问题，提升国家的竞争力，确保日本在全球的领先地位。i-Japan 战略在总结过去问题的基础上，从"以人为本"的理念出发，致力于应用数字化技术打造普遍为国民所接受的数字化社会。i-Japan 战略主要聚焦在三大公共事业方面：包括电子化政府治理、医疗健康信息服务、教育与人才培育。计划到 2015 年，通过数字技术使行政流程简化、效率化、标准化、透明化，推动现有行政管理的创新变革，同时促进电子病历、远程医疗、远程教育等应用的发展。i-Japan 战略中提出重点发展的物联网业务包括：通过对汽车远程控制、车与车之间的通信、车与路边的通信，增强交通安全性的下一代 ITS应用；老年与儿童监视、环境监测传感器组网、远程医疗、远程教学、远程办公等智能城镇项目；环境的监测和管理，控制碳排放量等。从而强化物联网在交通、医疗、教育和环境监测等领域的应用。

1.2.4　韩国物联网产业发展现状

与日本类似，韩国也将物联网这一技术的发展纳入了信息产业的范畴。从 1997 年推动互联网普及的"Cyber-Korea 21"计划到 2011 年对 RFID、云计算等技术发展的明确部署规划，14 年来，韩国政府先后出台了多达 8 项的国家信息化建设计划，其中，"u-Korea"战略是推动物联网普及应用的主要策略。自 2010 年之后，韩国政府从订立综合型的战略计划转向重点扶持特定的物联网技术——致力于通过发展无线射频技术、云计算等，使其成为促进国家经济发展的新推动力。

早在韩国出台"u-Korea"战略之前，就依次实施了推动互联网普及的"Cyber-Korea 21"计划（1997 年），意在建立领先知识型社会的"e-Korea 2006"计划（2002 年），以及将构建人均收入超过 2 万美元产业基础为目标的"Broadband IT Korea"计划（2003 年）。这些计划的实施为"泛在网"战略的部署做好了充足的前期准备。

1. u-Korea 战略

2004 年 2 月，韩国情报通信部发表了被视作"u-Korea"先导战略的"IT-839 计划"，韩国政府希望通过该计划使韩国的 IT 产业在 2007 年占到 GDP 的 20%。随后，韩国信息通信产业部成立了"u-Korea"策略规划小组，并在 3 月提出了为期 10 年的 u-Korea 战略，其目标是"在全球最优的泛在基础设施上，将韩国建设成全球第一个泛在社会"。

为了更好地实施"u-Korea"战略，2006 年 2 月，韩国政府在"IT-839 计划"中引入"无处不在的网络"概念，韩国信息通信部根据当时韩国 IT 产业的发展情况对"IT-839 计划"进行了增减，将"IT-839 计划"修订为"u-IT839 计划"。在"u-IT839 计划"中，韩国将 RFID/USN 列入发展重点，并在此后推出了一系列相关实施计划。同时还确定了 8 项需要重点推进的业务，其中 RFID、U-Home（泛在家庭网络）、Telematics/Locationbased（汽车通信平台/基于位置的服务）等业务是实施的重点。"u-Korea"旨在通过布建智能网络（如 IPv6、BcN、USN）、推广最新的信息技术应用（如 DMB、Telematics、RFID）等信息基础环境建设，建立无所不在的信息化社会（Ubiquitous Society）——运用 IT 科技为民众创造食、衣、住、行、体育、娱乐等各方面无所不在的便利生活服务，并通过扶植韩国 IT 产业发展新兴应用技术，强化产业优势与国家竞争力。

"u-Korea"主要涉及"平衡全球领导地位"、"生态工业"、"现代化社会"、"透明化技术" 4 项关键建设和"亲民政府"、"智慧科技园区"、"再生经济"、"安全社会环境"、"u 生活定制化服务"五大应用领域的建设。

2. u-IT 核心计划

与"u-Korea"战略政策的实施相配合，韩国信息和通信部（MIC）还推出了"u-City"、"Telematics 示范应用与发展"、"u-IT 产业集群"和"u-Home" 4 项 u-IT 核心计划。

（1）u-City 计划：是一项以韩国信息通信部（MIC）和建筑与运输部（MOCT）为首，且由企业界共同参与推动的新时代科技化城市计划，该计划旨在应用新兴信息通信技术，连接并整合都市信息科技基础设施（IT Infrastructure）与服务，创造出无所不在（Ubiquitous）的便民环境。目前韩国已有超过 10 个城市参与了此项计划。

（2）Telematics 示范应用发展计划：车用信息通信服务（Telematics Services）是韩国 u-IT839 计划提出的八大创新服务之一。为助力车用信息通信产业的发展，韩国信息通信部（MIC）在 2004 年 4 月制定了车用信息通信服务基本蓝图（Basic Plan for Vitalization of Telematics Services）。

（3）u-IT 产业集群计划：韩国信息通信部（MIC）在 2005 年提出了 u-IT 产业集群（u-IT Cluster）政策，当时计划在 2006—2010 年期间，通过各地的产业分工，确立当地的专长技术，从而带动地方经济发展，并进一步结合企业的研发力量，引领 u 化技术创新，加速新兴科技应用服务的成熟出现。

（4）u-Home 计划：同为 u-IT839 八大创新服务之一。u-home 的终极目标在于使韩国民众能通过有线或无线的方式控制家电设备，实现在家即可享受高品质的双向、互动的多媒体服务，如远程教学、健康医疗、视频点播（Video on Demand）、居家购物（Home Shopping）、家庭银行（Home Banking）等。

3.《物联网基础设施构建基本规划》

2009 年 10 月 13 日，在前期一系列战略制定与技术发展的基础上，韩国通信委员会出台了《物联网基础设施构建基本规划》（以下简称《规划》），明确了把物联网市场作为经济新增长动力的定位。《规划》提出了到 2012 年实现"通过构建世界最先进的物联网基础实施，打造未来广播通信融合领域超一流的信息通信技术强国"的目标，并确定了构建物联网基础设施、发展物联网服务、研发物联网技术、营造物联网扩散环境等四大领域、12 项子课题。

4. RFID/USN 等相关政策

为推动 u 化社会的建设，深入推进物联网特定技术的相关研究，从 2010 年初开始，韩国政府陆续出台了推动 RFID 发展的相关政策，RFID/USN（传感器网）就是其中之一。韩国 RFID/USN 政策主要由三大板块构成：

（1）RFID 先导计划：对 u-药物系统、机场货物设施、食品安全管理、u-渔场系统以及移动 RFID 先导计划的信息进行整合应用。

（2）RFID 全面推动计划：对水资源污染管理系统、u-弹药管理系统、港口运营效率强化、工业、交通、客户、运筹系统等的设计部署。

（3）USN 领域测试计划：对水资源、桥梁安全、气象及海洋、城市基础建设以及文化财产等监测系统的研究。

2011 年 3 月 9 日，韩国知识经济部在经济政策调整会议上发布了隶属于"+α 产业培育战略"的"RFID 推广战略"。该战略主要包含了 3 方面的内容：

（1）在制药、酒类、时装、汽车、家电、物流、食品等七大领域扩大 RFID 的使用范围，分别推行符合各领域自身特点的相应项目。其中，在制药和酒类两大领域，将推行 RFID 标签，而在食品领域，则将推行 RFID 示范项目，以增强食品流通记录的透明度。

（2）普及 RFID 的应用，促进技术研发，推动示范项目的开展。韩国计划研发在 900 Hz 和 13.56 MHz 带宽上均可使用的双读写芯片，并推广拥有双读写芯片的经济型手机 USIM 卡。同时，到 2015 年，在流动人口密集地区规划出 50 个智能 RFID 区，使人群在此类区域里可以利用装有 RFID 读写器的手机享受定位查询、信息检测、购物结算、演出票购买、观看视频等服务。

（3）集中力量研发具有自主产权的制造技术，致力于实现批量生产小型硬币尺寸的 RFID 标签，从而大幅降低 RFID 标签价格。同时，为减少企业生产环节引入 RFID 设备的初期投资压力，探讨成立 RFID 服务外包专业公司。

5."云计算"战略

在 2011 年 5 月 11 日召开的经济政策调整会上，韩国放送通信委员会、行政安全部和知识经济部联合作出决定，计划到 2014 年前，向云计算领域投入 6 146 亿韩元（约合 6 亿美元），大力培育云计算产业，从而使韩国在 2015 年发展成为全球云计算强国。该会议还发表了《云计算扩散和加强竞争力的战略计划》。该计划规定，政府从 2012 年起，将在政府综合计算机中心引进云系统供多个部门同时使用，并建设大型云检测中心。

与此同时，韩国政府还将重点培育云计算领域的相关中小企业，通过提供资金、对软件开发产业化的可行性进行分析、宣传和税收等配套措施，帮助中小企业积极参与技术研发，并制定相关法律法规，促进企业发展并提高其国际竞争力，进而引导产业健康有序发展。

1.2.5　我国物联网产业环境分析

随着物联网技术在欧美日韩等发达国家的迅速发展，我国政府也对国内发展物联网的方向和目标给予了明确的指示。2009 年，温家宝总理在无锡考察时对物联网的发展提出了"把传感系统和 3G 中的 TD-SCDMA 技术结合起来、在国家重大科技专项中加快传感网发展、建立感知中国信息中心"三点要求。同年 12 月，国务院的经济工作会议，还进一步提出了要在电力、交通、安防和金融行业推进物联网相关应用的目标。与此相应，我国不但在国家自然科学基金、国家"863"计划、国家科技重大专项等科技计划中陆续部署了物联网相关技术研究，同时也通过发布相关白皮书，对 RFID 等物联网关键技术进行了积极扶持，并将物联网的未来发展上升至国家战略新兴产业的层面。

1. RFID 产业政策

作为一项可广泛应用于日常生活诸多方面的新兴技术，RFID 技术的标准化以及自主产业链的建设引起了国家的高度重视。2006 年 6 月 9 日，《中国射频识别（RFID）技术政策白皮书》（以下简称《白皮书》）在北京正式发布。《白皮书》共分为五章，分别阐述了 RFID 技术发展现状与趋势、中国发展 RFID 技术战略、中国 RFID 技术发展及优先应用领域、推进产业化战略和宏观环境建设等方面内容。此外，《白皮书》还进一步规划了 RFID 产业发展的三个阶段：

第一阶段为培育期（2006—2008 年），侧重于在产业化核心技术研发、标准制定等方面寻求突破，通过典型行业示范应用，初步形成 RFID 产业链及良好的产业发展环境。

第二阶段为成长期（2008—2012 年），扩展 RFID 应用领域，形成规模生产能力，建立公共服务体系，推动规模化市场形成，促进 RFID 产业持续发展。

第三阶段为成熟期（2012 年以后），整合产业链，适应新一代技术的发展，辐射多个应用领域，提高 RFID 应用的效率和效益。

随着《白皮书》的发布，政府又配套设立了 7 个 RFID 标准组，依次为：总体组、标签和读写器组、频率与通信组、数据格式组、信息安全组、应用组和知识产权组。7 个标准组主要负责依据 ISO/IEC 15693、ISO/IEC 18000 等系列标准进行国家标准的起草工作。

2. 物联网产业扶持政策

2010 年 10 月 18 日国务院常务会议审议并原则通过了《国务院关于加快培育和发展战略性新兴产业的决定》（以下简称《决定》）。《决定》中的新兴产业具体包括新能源、物联网、微电子、生命科学、空间海洋、深度资源利用等方面。在有关物联网的规划方面，提出要"加快建设宽带、泛在、融合、安全的信息网络基础设施，推动新一代移动通信、下一代互联网核心设备和智能终端的研发及产业化，加快推进三网融合，促进物联网、云计算的研发和示范应用"。会议还明确了包括物联网在内的战略性新兴产业未来发展的重点方向、主要任务和扶持政策。

3. 物联网技术的十二大重点应用领域

在 2011 年 11 月召开的"2011 中国无线世界暨物联网大会"上，国家物联网标准联合工作组负责人表示，我国物联网发展的重点和切入点是感知与应用，要全力支持并加快制定物联网各相关标准，重点放在核心技术产品的研发及产业化上。

物联网"十二五"规划明确了物联网技术的十二大重点应用领域，包括智能电网、交通运输、物流产业、医疗健康、智能家居、环境与安全检测、精细农牧业、工业与自动控制、金融与服务业、公共安全、国防军事以及智慧城市。

此外，包括住建部、卫生部、交通部、公安部在内的多个部委都在各自领域的规划中强调了物联网技术的应用。预计 2011 年 RFID 产业规模有望实现 160 亿。

目前，我国 RFID 应用已经为物联网技术发展打下了基础，主要应用在农业领域的生猪饲养及食品加工的实时动态、可追溯管理，物流领域的邮政包裹、民航行李、铁路货车调度监管、远洋运输集装箱，以及城市交通等多个方面。

2011 年 12 月，国家金卡工程的物联网应用联盟也将成立，将有 23 个部门行业，400 多个城市参与其中。此外，物联网发展还需要标准先行，已经成立的国家物联网标准联合工作组横跨了 14 个部委的 24 个业务的国家级的标准工作组，就是为了整合资源，推进物联网标准的制定。

1.3　物联网体系架构

物联网的体系目前还未完全形成，需要一些应用形成示范。但是，物联网体系的雏形已经形成，物联网基本体系具有典型的层级特性，一个完整的物联网系统一般来说包含感知层、信息汇聚层、传输层、运营层和应用层五个层面的功能。

1.3.1　感知层

该层的主要任务是将大范围内的现实世界的各种物理量通过各种手段，实时并自动化地转化为虚拟世界可处理的数字化信息或者数据。

物联网所采集的信息主要有如下几类：

（1）传感信息：如温度、湿度、压力、气体浓度、生命体征等。

（2）物品属性信息：如物品名称、型号、特性、价格等。

（3）工作状态信息：如仪器、设备的工作参数等。

（4）地理位置信息：如物品所处的地理位置等。

信息采集层的主要任务是对各种信息进行标记，并通过传感等手段，将这些标记的信息和现实世界的物理信息进行采集，将其转化为可供处理的数字化信息。

信息采集层涉及的典型技术如 RFID、传感器技术、微机电系统和 GPS 技术等。

1．传感技术

传感技术同计算机技术与通信技术一起被称为信息技术的三大支柱。从仿生学观点，如果把计算机看成处理和识别信息的"大脑"，把通信系统看成传递信息的"神经系统"，那么传感器就是"感觉器官"。

传感技术是关于从自然信源获取信息，并对其进行处理（变换）和识别的一门多学科交叉的现代科学与工程技术，它涉及传感器、信息处理和识别的规划设计、开发、制/建造、测试、应用及评价改进等活动。获取信息靠各类传感器，它们有各种物理量、化学量或生物量的传感器。按照信息论的凸性定理，传感器的功能与品质决定了传感系统获取自然信息的信息量和信息质量，是高品质传感技术系统构造的第一个关键。信息处理包括信号的预处理、后置处理、特征提取与选择等。识别的主要任务是对经过处理信息进行辨识与分类。它利用被识别（或诊断）对象与特征信息间的关联关系模型对输入的特征信息集进行辨识、比较、分类和判断。因此，传感技术是遵循信息论和系统论的。它包含了众多的高新技术、被众多的产业广泛采用。它也是现代科学技术发展的基础条件，应该受到足够地重视。微型无线传感技术以及以此组件的传感网是物联网感知层的重要技术手段。

2．射频识别（RFID）技术

射频识别（Radio Frequency Identification，RFID）是通过无线电信号识别特定目标并读写相关数据的无线通信技术。在国内，RFID 已经在身份证件、电子收费系统和物流管理等领域有了广泛的应用。

RFID 技术市场应用成熟，标签成本低廉，但 RFID 一般不具备数据采集功能，多用来进行物品的身份甄别和属性的存储，且在金属和液体环境下应用受限。

3．微机电系统（MEMS）

微机电系统（Micro-Electro-Mechanical Systems，MEMS）是指利用大规模集成电路制造工艺，经过微米级加工，得到的集微型传感器、执行器以及信号处理和控制电路、接口电路、通信和电源于一体的微型机电系统。

MEMS 技术近几年的飞速发展，为传感器结点的智能化、小型化、功率的不断降低创造了成熟的条件，目前已经在全球形成百亿美元规模的庞大市场，近年更是出现了集成度更高的纳米机电系统（Nano Electro-mechanical System，NEMS），具有微型化、智能化、多功能、高集成度和适合大批量生产等特点。

4．GPS 技术

GPS（Global Positioning System）又称全球定位系统，是具有海、陆、空全方位实时三维导航与定位能力的新一代卫星导航与定位系统。GPS 是由空间星座、地面控制和用户设备三部分构成的。GPS 测量技术能够快速、高效、准确地提供点、线、面要素的精确三维坐标以及其他相关信息，具有全天候、高精度、自动化、高效益等显著特点，广泛应用于军事、民用交通（船舶、飞机、汽车等）导航、大地测量、摄影测量、野外考察探险、土地利用调查、精确农业以及日常生活（人员跟踪、休闲娱乐）等不同领域。GPS 作为移动感知技术，是物联网延伸到移动物体采集、移动物体信息的重要技术，更是物流智能化、可视化的重要技术，是智能交通的重要技术。

1.3.2　信息汇聚层

1．无线传感器网络（WSN）技术

无线传感器网络技术（Wireless Sensor Network，WSN）的基本功能是将一系列空间上分散的传感器单元通过自组织的无线网络进行连接，从而将各自采集的数据通过无线网络进行传输汇总，以实现对空间分散范围内的物理或环境状况的协作监控，并根据这些信息进行相应的分析和处理。

WSN 技术贯穿物联网的三个层面，是结合了计算、通信、传感器三项技术的一门新兴技术，具有范围大、低成本、高密度、灵活布设、实时采集、全天候工作的优势，且对物联网其他产业具有显著带动作用。

2．WiFi

WiFi（Wireless Fidelity，无线保真技术）是一种基于接入点（Access Point）的无线网络结构，目前已有一定规模的布设，在部分应用中与传感器相结合。

3．GPRS

GPRS（General Packet Radio Service，通用分组无线服务）是一种基于 GSM 移动通信网络的数据服务技术。GPRS 技术可以充分利用现有 GSM 网络，目前在很多领域有广泛应用，在物联网领域中也有部分应用。

1.3.3　传输层

1．通信网

通信网是一种使用交换设备和传输设备，将地理上分散的用户终端设备互连起来实

现通信和信息交换的系统。

通信最基本的形式是在点与点之间建立通信系统，但这不能称为通信网，只有将许多的通信系统（传输系统）通过交换系统按一定拓扑结构组合在一起才能称之为通信网。也就是说，有了交换系统才能使某一地区内任意两个终端用户相互连接，才能组成通信网。通信网由用户终端设备、交换设备和传输设备组成。交换设备间的传输设备称为中继线路（简称中继线），用户终端设备至交换设备的传输设备称为用户路线（简称用户线）。

2. 3G 网络

3G（the 3rd Generation）指第三代移动通信技术。相对第一代模拟制式手机（1G）和第二代 GSM、CDMA 等数字手机（2G），第三代手机（3G）是指将无线通信与因特网等多媒体通信结合的新一代移动通信系统。3G 与 2G 的主要区别是在传输声音和数据的速度的提升上，它能够在全球范围内更好地实现无线漫游，并处理图像、音乐、视频流等多种媒体形式，提供包括网页浏览、电话会议、电子商务等多种信息服务，同时也要考虑与已有第二代系统的良好兼容性。为了提供这种服务，无线网络必须能够支持不同的数据传输速度，也就是说在室内、室外和行车的环境中能够分别支持至少 2 Mbit/s、384 kbit/s 以及 144 kbit/s 的传输速度（此数值根据网络环境会发生变化）。

3. GPRS 网络

这是一种基于 GSM 系统的无线分组交换技术，提供端到端的、广域的无线 IP 连接。通俗地讲，GPRS 是一项高速数据处理的科技，方法是以"分组"的形式传送资料到用户手上。虽然 GPRS 是作为现有 GSM 网络向第三代移动通信演变的过渡技术，但是它在许多方面都具有显著的优势。

4. 广电网络

广电网络通常是各地有线电视网络公司负责运营的，通过 HFC（光纤+同轴电缆混合网）网向用户提供宽带服务及电视服务网络，宽带可通过 Cable Modem 连接到计算机，理论到户最高速率为 38 Mbit/s，实际速度要视网络具体情况而定。

5. NGB 广域网络

中国下一代广播电视网（NGB）是以有线电视数字化和移动多媒体广播（CMMB）的成果为基础，以自主创新的"高性能宽带信息网"核心技术为支撑，构建的适合我国国情的、"三网融合"的、有线无线相结合的、全程全网的下一代广播电视网络。科技部和广电总局将联合组织开发建设，通过自主开发与网络建设，突破相关核心技术，开发成套装备，拉动相关电子产品市场，满足老百姓对现代数字媒体和信息服务的需求，计划用 3 年左右的时间建设覆盖全国主要城市的示范网，预计用 10 年左右的时间建成中国下一代广播电视网（NGB），使之成为以"三网融合"为基本特征的新一代国家信息基础设施。

中国下一代广播电视网（NGB）的核心传输带宽将超过 1 Tbit/s，保证每户接入带宽超过 40 Mbit/s，可以提供高清晰度电视、数字视音频节目、高速数据接入和话音等"三网融合"的"一站式"服务，使电视机成为最基本、最便捷的信息终端，使宽带互动数字信息消费如同水、电、暖、气等基础性消费一样遍及千家万户。同时 NGB 还具有可信的服务保障和可控、可管的网络运行属性，其综合技术性能指标达到或超过国际先进水平，能够满足未来 20 年每个家庭"出门就上高速路"的信息服务总体需求。

1.3.4 运营层

1. 企业资源计划

企业资源计划（Enterprise Resource Planning，ERP）是指建立在信息技术基础上，以系统化的管理思想，为企业决策层及员工提供决策运行手段的管理平台。

2. 专家系统

专家系统（Expert System）是一个能够利用人类专家的知识和经验来处理该领域问题的智能计算机程序系统。

3. 云计算

云计算概念是由 Google 提出的，是一种网络应用模式。狭义云计算是指 IT 基础设施的交付和使用模式，指通过网络以按需、易扩展的方式获得所需的资源；广义云计算是指服务的交付和使用模式，指通过网络以按需、易扩展的方式获得所需的服务。这种服务可以是和 IT、软件、互联网相关的，也可以是任意其他的服务，它具有超大规模、虚拟化、可靠安全等独特功效，是物联网的核心部分。

云计算是通过网络将庞大的计算处理程序自动拆分成无数个较小的子程序，再交由多部服务器所组成的庞大系统经搜寻、计算分析之后将处理结果回传给用户。通过这项技术，网络服务提供者可以在数秒之内，处理数以千万计甚至亿计的信息，达到和"超级计算机"同样强大效能的网络服务。有关云计算的详细讨论可见本书的第二篇。

1.3.5　应用层

应用层主要是根据行业特点，借助互联网技术手段，开发各类的行业应用解决方案，将物联网的优势与行业的生产经营、信息化管理、组织调度结合起来，形成各类的物联网解决方案，构建智能化的行业应用。如交通行业，涉及的就是智能交通技术；电力行业采用的是智能电网技术；物流行业采用的是智慧物流技术等。行业的应用还要更多涉及系统集成技术、资源打包技术等。

1.4　物联网的应用

1. 智能家居

智能家居产品融合自动化控制系统、计算机网络系统和网络通信技术于一体，将各种家庭设备（如音视频设备、照明系统、窗帘控制、空调控制、安防系统、数字影院系统、网络家电等）通过智能家庭网络联网实现自动化，通过中国电信的宽带、固话和3G无线网络，可以实现对家庭设备的远程操控。与普通家居相比，智能家居不仅提供舒适宜人且高品位的家庭生活空间，实现更智能的家庭安防系统；还将家居环境由原来的被动、静止结构转变为具有能动、智慧的工具，提供全方位的信息交互功能。

2. 智能医疗

智能医疗系统借助简易实用的家庭医疗传感设备，对家中病人或老人的生理指标进行自测，并将生成的生理指标数据通过中国电信的固定网络或3G无线网络传送到护理人或有关医疗单位。根据客户需求，中国电信还提供相关增值业务，如紧急呼叫救助服务、专家咨询服务、终生健康档案管理服务等。智能医疗系统真正解决了现代社会子女们因工作忙碌无暇照顾家中老人的问题。

3. 智能城市

智能城市产品包括对城市的数字化管理和城市安全的统一监控。前者利用"数字城市"理论，基于3S（地理信息系统GIS、全球定位系统GPS、遥感系统RS）等关键技术，深入开发和应用空间信息资源，建设服务于城市规划、城市建设和管理，服务于政府、企业、公众，服务于人口、资源环境、经济社会的可持续发展的信息基础设施和信息系统；后者基于宽带互联网的实时远程监控、传输、存储、管理的业务，利用中国电信无处不达的宽带和3G网络，将分散、独立的图像采集点进行联网，实现对城市安全的统一监控、统一存储和统一管理、为城市管理和建设者提供一种全新、直观、视听觉范围延伸的管理工具。

4．智能环保

智能环保产品通过对实施地表水水质的自动监测，可以实现水质的实时连续监测和远程监控，及时掌握主要流域重点断面水体的水质状况，预警预报重大或流域性水质污染事故，解决跨行政区域的水污染事故纠纷，监督总量控制制度落实情况。太湖环境监控项目，通过安装在环太湖地区的各个监控的环保和监控传感器，将太湖的水文、水质等环境状态提供给环保部门，实时监控太湖流域水质等情况，并通过互联网将监测点的数据报送至相关管理部门。

5．智能交通

智能交通系统包括公交行业无线视频监控平台、智能公交站台、电子票务、车管专家和公交手机一卡通五种业务。详述如下：

（1）公交行业无线视频监控平台利用车载设备的无线视频监控和 GPS 定位功能，对公交运行状态进行实时监控。

（2）智能公交站台通过媒体发布中心与电子站牌的数据交互，实现公交调度信息数据的发布和多媒体数据的发布功能，还可以利用电子站牌实现广告发布等功能。

（3）电子票务是二维码应用于手机凭证业务的典型应用，从技术实现的角度，手机凭证业务就是手机+凭证，是以手机为平台、以手机身后的移动网络为媒介，通过特定的技术实现完成凭证功能。

（4）车管专家利用全球卫星定位技术（GPS）、无线通信技术（CDMA）、地理信息系统技术（GIS）、中国电信 3G 等高新技术，将车辆的位置与速度，车内外的图像、视频等各类媒体信息及其他车辆参数等进行实时管理，有效满足用户对车辆管理的各类需求。

（5）公交手机一卡通将手机终端作为城市公交一卡通的介质，除完成公交刷卡功能外，还可以实现小额支付、空中充值等功能。

6．智能司法

智能司法是一个集监控、管理、定位、矫正于一身的管理系统。能够帮助各地各级司法机构降低刑罚成本、提高刑罚效率。目前，中国电信已实现通过 CDMA 独具优势的 GPSONE 手机定位技术对矫正对象进行位置监管，同时具备完善的矫正对象电子档案、查询统计功能，并包含对矫正对象的管理考核，给矫正工作人员的日常工作带来信息化、智能化的高效管理平台。

7．智能农业

智能农业产品通过实时采集温室内温度、湿度信号以及光照、土壤温度、二氧化碳浓度、叶面湿度、露点温度等环境参数，自动开启或者关闭指定设备。可以根据用户需求，随时进行处理，对设施农业综合生态信息自动监测，对环境进行自动控制和智能化管理提供科学依据。通过模块采集温度传感器等信号，经由无线信号收发模块传输数据，实现对大棚温、湿度的远程控制。智能农业产品还包括智能粮库系统，该系统通过将粮库内温、湿度变化的感知与计算机或手机进行连接，实时观察，记录现场情况，以保证量粮库内的温、湿度平衡。

8．智能物流

智能物流打造了集信息展现、电子商务、物流配载、仓储管理、金融质押、园区安保、海关保税等功能为一体的物流园区综合信息服务平台。信息服务平台以功能集成、效能综合为主要开发理念，以电子商务、网上交易为主要交易形式，建设了高标准、高品位的综合信息服务平台，并为金融质押、园区安保、海关保税等功能预留了接口，可以为园区客户及管理人员提供一站式综合信息服务。

9．智能校园

中国电信的校园手机一卡通和金色校园业务，促进了校园的信息化和智能化。

校园手机一卡通主要实现功能包括：电子钱包、身份识别和银行圈存。电子钱包即通过手机刷卡实现主要校内消费；身份识别包括门禁、考勤、图书借阅、会议签到等；银行圈存即实现银行卡到手机的转账充值、余额查询。目前校园手机一卡通的建设，除了满足普通一卡通功能外，还借助手机终端实现空中圈存、短信互动等应用。

中国电信实施的"金色校园"方案，帮助中小学行业用户实现学生管理电子化，老师排课办公无纸化和学校管理的系统化，使学生、家长、学校三方可以时刻保持沟通，方便家长及时了解学生学习和生活情况，通过一张薄薄的"学籍卡"，真正达到了对未成年人日常行为的精细管理，最终达到学生开心，家长放心，学校省心的效果。

 小结

本章讨论了物联网的基础知识，介绍了物联网的定义、功能与特点，探讨了物联网对经济发展的影响，分析了物联网的体系架构及其各层面的功能，阐述了物联网在目前的实际应用中存在的问题。

习题

1. 什么是物联网？举例说明物联网的功能与特点。

2. 试述物联网对经济发展的影响。

3. 简要讨论物联网体系构架各层面的功能。

4. 结合实际谈谈物联网在目前的实际应用中还存在着哪些问题？

第2章 物联网运营管理

学习重点

- 物联网发展中存在的问题
- 物联网运营的三层架构模型
- 物联网运营的社会环境
- 物联网的发展前景

2.1　物联网运营环境

2.1.1　物联网发展存在的问题

近些年，物联网的发展已经上升到国家战略高度，物联网存在的一些问题也就凸现出来了。当前物联网发展中有以下几个问题值得关注：

1．标准化问题

除了不同国家采用的规范不同，国内目前不同厂家间的设备互不兼容，没有一套权威的规范体系让各厂家遵守。运营商虽然开始推出一些企业标准，但都远没有取得垄断地位。未来相当长一段时间内，可能都会存在多种标准共存的问题。

2．安全问题

物联网要求信息的共享，要求突破行业壁垒和信息孤岛，达到最大程度的协同。但是有个前提，就是需要解决安全问题。允许公开的数据在设定范围内公开，不能超出这个范围，私有数据需要保护，数据泄密将成为越来越关注的问题。如何在信息共享的前提下实现数据及用户隐私的保护，成为亟待解决的问题。另外，数据传输过程中的安全机制，以及如何在终端能力受限的前提下，实现数据的安全也是业界正在研究的课题。需要注意的是，物联网的安全体系会有别于基于计算机的互联网安全体系。

3．建设成本问题

当前物联网的应用在大企业比较容易推广，他们有能力承担建设的成本，并且具备所需的 IT 能力。但是业界对物联网终端数量的预期是手机终端的 6 倍以上，这样庞大的终端数量，仅依靠大型企业的终端接入显然是不够的。所以物联网应用必须向中小企业客户，以及家庭、个人用户领域去拓展。这就使得建设成本问题变得敏感，因此大幅降低应用的开发和部署成本，同时快速响应用户的个性化需求，将是未来物联网应用开发的发展方向。

4．运营管理问题

物联网向中小企业客户以及家庭和个人用户的推广，有赖于建立一套物联网业务的管理和运营体系，把产业链上的各个环节理顺，以确保利益在各个环节的平衡。当前物联网应用的业务运营模式并不是很明朗，值得更进一步探讨。包括用户如何申请和办理业务，用户初期建设的费用如何去平衡，业务使用如何计费，如何向运营合作方结算，以及用户的设备如何进行运维（如障碍申告的处理、设备的升级、设备的状态监控等），都需要在实践中摸索和积累经验，形成规范和标准。

2.1.2 建设物联网运营支撑平台

物联网运营支撑平台是运营商实现物联网业务运营的基础。物联网运营支撑系统的总体架构如图 2-1 所示。

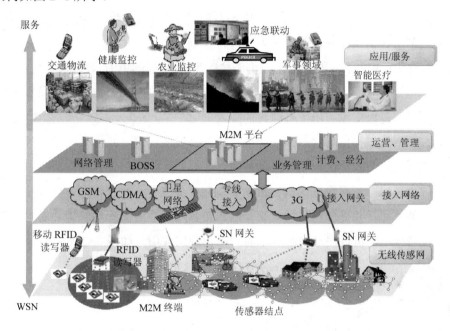

图 2-1　物联网运营支撑系统的总体架构

物联网产业链包括用户、应用开发商、终端厂家、模组厂家、运营商几个环节，在标准统一的背景下，运营商最有机会也有能力成为物联网产业的运营者。运营商有成熟的运营体系，有丰富的运营经验，同时在用户中有较高的认知度和品牌效应，所以由运营商来承担物联网应用的产品化和运营是一个趋势。运营商也在向这个方向努力。包括中国移动、中国电信都先后出台了自己的 M2M 规范。随着运营商转型的步子越来越快，单纯提供通信通道已不能满足移动运营商的业务发展需求。通过将一些物联网应用标准化（典型的如智能家居、车辆监控等），由运营商利用自己的网络优势进行平台化建设，然后以出租服务或外包的方式进行运营，将为移动运营商带来更大的收益。另一方面，运营商承担了建设的投资和风险，可大大降低企业客户或个人用户使用物联网业务的门槛，从而将极大地推动物联网产业的发展。

物联网运营支撑平台通过标准化应用支持，向集团客户和个人用户提供服务和行业应用解决方案，通过接入集团客户应用，为企业应用提供标准化的信息通道，使企业自行开发的行业应用更方便接入移动网络。

2.1.3　降低物联网应用的开发成本

运营商介入物联网的运营，会大大促进物联网产业的标准化进程，同时也解决了运营管理的问题。通过行业应用的建设和运营，运营商可从中获得物联网的增值收益。

但是，行业应用本身存在一些特点：

（1）需求个性化程度高。往往一套平台只能适用于一家企业。如果在其他企业应用，通常需要重新进行需求调研，并投入人力进行定制开发。

（2）专业化程度高。一般软件公司由于缺乏足够的领域知识，难以满足用户的需求。

（3）应用规模小。大多数行业应用，由于专业化程度高，其市场规模总体来说都不大，终端数量不足以支撑应用平台建设的投入。

对此，中兴通讯提出了物联网应用的敏捷化开发的问题，即提供一个开放的应用环境，实现物联网应用的快速定制开发和部署。

一个应用可以分解为数据结构、数据展现和业务流程。通过将运营商以及行业的能力封装为功能单元，并提供相应的可视化编辑工具实现业务流程的编辑和对封装能力的调用，开发者或用户可以快速组装和部署一个物联网应用，如图 2-2 所示。

图 2-2　敏捷化开发实现物联网应用的快速定制开发和部署

在物联网开放应用环境的支撑下，用户的需求不必经过复杂的开发过程，也不必增加新的硬件投入，从而大幅降低了应用开发的成本，为物联网业务的推广扫清了障碍。

2.1.4　典型应用案例

病人遥距监护中的物联网应用如图 2-3 所示。在中国目前大约有 8 000 万的心脏病病人。在大多数情况下，心脏病病人每天需要测量心肺情况二三次，并且将其病理情况及时传达给主诊医生。然而由于医院设备资源及医护人员资源有限，病人的监护对医院压力巨大。

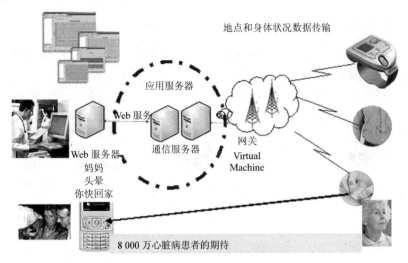

图 2-3　病人遥距监护中的物联网应用

物联网应用于远程医疗，加强了对老弱病人及心脏病病人的监护。病人在医院以外的地方可以使用测量仪自行测量心跳、血压、脉搏等方面的情况，将自身健康状况的数据随时收集下来，再将这些数据通过运营支撑平台传输给医院主治医师或专家系统，从而消除了时间和空间的隔阂。

2.2　物联网运营架构与终端

2.2.1　物联网运营的三层架构模型

中国移动提出的感知层、网络层和应用层的三层架构模型是物联网组网运营的一个实用参考，如图 2-4 所示。

其中：

感知层实现物联网全面感知的核心能力，是物联网中关键技术、标准化、产业化方面亟须突破的部分，关键在于具备更精确、更全面的感知能力，并解决低功耗、小型化和低成本问题。

网络层主要以广泛覆盖的移动通信网络作为基础设施，是物联网中标准化程度最高、产业化能力最强、最成熟的部分，关键在于为物联网应用特征进行优化改造，形成系统感知的网络。

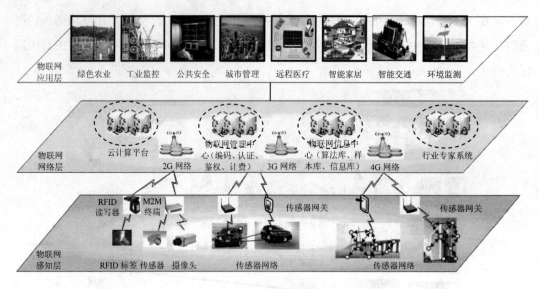

图 2-4　物联网的三层架构模型

应用层提供丰富的应用,将物联网技术与行业信息化需求相结合,实现广泛智能化的应用解决方案,关键在于行业融合、信息资源的开发利用、低成本高质量的解决方案、信息安全的保障及有效商业模式的开发。

三层架构中的主要部分及其功能介绍如下:

1. 物联网管理中心——提供业务运营核心能力

物联网管理中心的基本功能包括用户管理、业务管理及订购关系管理,核心功能包括感知层管理、业务处理、任务管理、应用层 QoS 策略和安全策略管理,其中感知层管理又具体分为终端管理、感知子网管理、外设管理和终端登录状态维护。

2. 物联网业务网关——支持增强型通道

物联网业务网关核心功能包括:支持增强型通道模式,实现可靠性维护;实现网关前后的协议转换与适配;开放业务能力供调用或开发。

3. 电信级机器通信协议——推动机器通信协议统一

提供端到端电信级机器通信、终端管理、业务安全等基本功能。屏蔽不同行业之间的差异,通过扩展协议承载不同行业及客户的应用数据。电信级机器通信协议应与接入方式无关,具备多重安全机制。

4. M2M 通信模组——推动终端标准化

M2M 通信模组是终端通信能力的载体,是所有终端不可或缺且易标准化的部分,通过标准化的 M2M 模组配以各类传感器与外设，并辅以外围电路即可迅速构成适用于不同应用的 M2M 终端。M2M 通信模组应能提供丰富且标准化的硬件接口，标准化的 AT 指令，支持二次开发。M2M 通信模组通过提供标准化的软硬件接口，大大降低开发和维护成本，同时提供并支持二次开发环境，节约硬件成本。

5．工业级 SIM 卡——增强物联网应用环境适应能力

物联网终端的工作环境较为复杂，温度、湿度、粉尘、振动等因素对 M2M 卡技术提出更高的要求。需要按物理特性进行卡指标分级，采用小型化封装工艺，确保电气性能接口协议一致，还要兼容传统通信功能。

6．码号标识体系——为规模发展提供充足的码号资源

物联网对运营商的核心价值是利用网络的控制力提供有价值的服务，物联网码号体系可划分为三大部分：

（1）用户号码，用于对物联网用户的寻址和路由，是物联网通信的基础。

（2）业务管理标识，用于从应用层管理物联网用户和设备。

（3）其他码号，用于网络管理和业务支撑，与物联网核心价值关联度小。

目前，用户号码为运营商稀缺资源，面对物联网的海量码号需求，应当首先解决物联网用户号码数量和规划问题。

7．核心网优化——支撑物联网应用的移动性管理优化

在物联网应用中，机器终端的业务行为与人和人通信时的话务模式差别较大，具体表现在：终端不移动或较少移动，业务实时性不高，数据传输量较小，机器终端可能并发通信。当机器终端数量大规模增长时，有必要针对机器通信进行网络性能优化，节省网络投资。

2.2.2　物联网运营终端

物联网运营终端是连接感知层与网络层，实现数据采集及向网络层发送数据的设备，它担负着数据采集、预处理、加密、传输等多种功能。物联网各类终端设备总体上可以分为情景感知层、网络接入层、网络控制层以及应用/业务层。每一层都与网络层的控制设备有着对应关系。

1．情景感知层

物联网终端常常处于各种异构网络环境中，为了向用户提供最佳的使用体验，终端

应当具有感知场景变化的能力，并以此为基础，通过优化判决，为用户选择最佳的服务通道。终端设备通过前端的 RF 模块或传感器模块等感知环境的变化，经过计算，决策需要采取的应对措施。

移动通信模块的射频前端、调制解调模块及部分物理层算法模块，共同构成了终端设备的情景感知层。当移动终端设备在蜂窝网中移动时，通过感知环境及网络情况，将自身参数上报给网络，实现跨小区的切换甚至是跨异构网络的切换，同时保证业务的连续。

2. 网络接入层

终端的感知层接收的信息经过数据分析以及与网络的协商，由终端或者网络发起，选择适配最优的网络，并选择最佳路由以便为用户提供服务。

在多模移动终端中，软件无线电和超大规模集成电路的发展为实现泛在网络的异构媒介的感知和垂直切换提供有效的技术手段。终端设备可以通过内置多栈的变换来实现变模，以便适配、接入不同的网络。

3. 网络控制层

终端的网络控制层根据接入通道上传的业务要求，将终端内相应的业务数据封装发送给下层，并通过物理层发送给网络。同时把下层接收的网络业务数据按照不同的业务传递到终端的业务层进行处理。终端的网络控制层与网络控制平台的相关功能对应。

4. 应用/业务层

1）业务引擎

业务引擎层位于终端业务模型层次架构的底层，负责提取网络通信基础设施中网络和终端的能力，并抽象成为终端平台相关的基本业务能力，再对这些基本业务能力进行封装，成为独立的业务引擎，向上层提供标准且开放的接口，促进二次开发和集成。典型的业务引擎包括电信域的基础数据业务能力、基础语音业务能力，IT 域的地理信息系统、支付网关等提供的业务功能。

2）业务适配

业务适配是指终端平台可以根据用户对网络、业务提供平台的选择，用户所处环境的状况以及变化趋势，用户的个性化设置以及从用户历史记录中获取的用户偏好信息，对业务的内容、提供方式以及展现形式进行智能的、前摄的、动态自适应的改变，以匹配用户在特定时间、特定地点、特定场合、特定身份下的个性化需求。为了实现业务适配，本层提供了多种智能的控制和决策能力模块，如数据融合、上下文感知、服务质量协商等。通过这些能力模块，终端业务平台可以对用户的环境信息进行动态的收集、有选择的提炼、智能的分析，并进行判断决策和实时的反馈。根据这一系列机制，对业务引擎提供的基本业务能力进行二次开发和集成，快速生成满足特定需求的组合服务。

　　3）业务组合

　　组合业务是终端业务引擎封装的基本业务能力在业务适配机制下进行集成的产出。与基本业务能力不同，组合业务已经具备自身完备的业务逻辑，可以作为一个独立的、完整的应用提供给最终用户。对于应用开发者，组合业务可看做是更为复杂应用的构建模块。

　　目前，物联网终端应将终端功能与行业应用结合考虑，采用标准化的道路以获得规模效应，压缩终端成本，降低物联网应用的门槛。随着物联网应用的推广，物联网终端的发展会越来越多样化，处理能力、存储能力、通信能力及供电能力的差异将越来越大，需求的规模将极大提高，有必要实现定制化、差异化。

2.3　物联网运营的社会环境、管理规范和发展前景

2.3.1　物联网运营的社会环境

　　2009 年 8 月 7 日，温家宝总理在无锡考察时提出了"把传感系统和 3G 中的 TD-SCDMA 技术结合起来、在国家重大科技专项中加快传感网发展、建立感知中国信息中心"三点要求。同年 11 月，温总理在科技持续发展的重要讲话中，提出要着力发展传感网、物联网关键技术，及早部署后 IT 时代的关键技术研发，使信息网络产业成为推动产业升级、迈向信息社会的发动机。

　　自温总理的两次重要讲话以来，中央相关部委立即行动，积极认真地贯彻落实温总理的讲话精神，国家发改委在物联网应用示范试点方面，科技部在 863 计划等重大专项方面，工业与信息化部在物联网的技术标准和产业政策引导方面，都在最短的时间内出台了针对性的宏观举措。工业与信息化部李毅中部长在撰文中明确提出：开展传感网的应用，积极发展战略性信息产业；突破关键技术，开展应用示范，加强 TD-SCDMA 与传感网的结合，推进传感网与物联网的融合发展。

　　在中央领导的高度重视和国家相关部委齐心协力的推动下，电信运营商、高校和科研机构看到了商机，纷纷行动起来。2009 年 11 月 12 日，中国移动与无锡市人民政府就"共同推进 TD-SCDMA 与物联网融合"签署战略合作协议，中国移动将在无锡成立中国移动物联网研究院，重点开展 TD-SCDMA 与物联网融合的技术研究与应用开发；2009

年 11 月 23 日，中国电信物联网技术重点实验室、中国电信物联网应用和推广中心在江苏无锡成立；2009 年 11 月 24 日，中国联通集团和无锡市政府签署物联网合作协议，双方共同加强基础网络设施建设、传感网络技术标准研究、传感器技术研究与产业化推动，加强传感网络与现有公众运营网络结合的标准及应用研究与开发。2009 年 11 月 12 日，江苏省政府、中科院与无锡市政府签署协议，共建中国物联网研究发展中心；2009 年 11 月 23 日，北京邮电大学和无锡市政府签署协议，在无锡市组建北京邮电大学感知技术与产业研究院；随后，东南大学传感器网络技术研究中心、南理工无锡传感网应用开发中心、清华无锡智能传感网研究中心陆续在无锡成立。

在无锡市政府拉开物联网大发展的序幕之后，其他地方政府也为争夺下一个信息产业浪潮中的领导地位展开了激烈竞争。继无锡成立中国物联网研究发展中心之后，2010 年 3 月 2 日上海物联网中心在上海嘉定揭牌。上海市政府希望以此打造国内最具竞争力、具有国际影响的物联网技术研发基地，形成规模，应用示范，推动物联网及其相关产品和服务的产业化。

由于物联网的研发对器件、芯片、材料、服务等产业具有很强的推动作用，能形成产业集群效应，北京市政府在 2009 年底和 2010 年初多次召集在京的科技界和企业代表共谋物联网的产业发展大计，初步确定了政府积极引导，在 2010—2012 年每年实施一批示范项目，用 3～5 年的时间，使北京市物联网产业规划基本成型，产业链和产业群初步形成。

2.3.2　物联网运营服务的规范管理

从物联网的概念诞生起，世界各地都是先从应用出发，根据当地当时的情况开发针对性的应用产品，在标准的制定方面，虽然国际上已经有 ISO/IECJTCl WG7、ITUT、IETF、IEEE、ZigBee 等标准化组织对物联网相关的标准开展了工作，但物联网涉及的技术范围很宽，还没有形成比较完备的标准规范，各大企业在产品的标准方面尚未达成共识，各大企业、研究机构在技术标准上的主导权之争一直没有停止，且有愈演愈烈之势。我国一直积极参与国际标准组织的活动，很多提案都被采纳，在国际标准的舞台上有一定的发言权。在国内的标准化工作方面，我国传感网标准工作组在 2007 年才开始筹划，2009 年 9 月正式成立，工作组正在系统架构、标准体系、传感器、组网通信、协调处理、安全、标识等领域开展标准化的工作。虽然我们的标准化工作得到政府前所未有的重视，但毕竟刚刚成立，还没有出台对行业有实质指导性的标准和规范。

产业链的各个环节必然要形成合理的分工与合作。运营服务的规范和管理，以及政府的协调和监管都是整个产业链健康发展的保证。可运营可管理对物联网的发展和普及不仅仅是一个技术要求，更是一个社会要求，缺乏有效监控管理手段的产业，其规模越大对和谐社会的威胁也就越大。物联网刚刚起步，在开发推广应用的同时，相关的部门和组织也应该考虑如何构建一个可运营、可管理的国家物联网，保证物联网又好又快的发展，让物联网能够真正服务于社会，惠及民生。

从物联网大发展的起点角度看，目前还没有完善的标准和规范，各种提案还在博弈，但从物联网的长远未来看，一个可运营、可管理的物联网应该具备以下特征：

1．目标物身份标识的唯一性

就像现在的互联网一样，任何一台计算机只要被分配了 IP 地址就可以通过网络被别的终端识别，IP 地址是全球共同遵守的对入网设备的唯一身份标识，物联网要做到对网内物体的全球识别，也一定应该有一个全球唯一、各行业都能共同遵守的标识编码体系。

2．目标物信息的共享

物联网的最终目的就是要实现对物体的远程互联和智能控制，如果对目标物体的信息不能做到远程共享，就意味着对这个目标物体的感知没有实现，也就无法实现物与物之间、人与物之间的相互通信。只有首先解决了跨地域、跨行业的物与物之间、人与物之间的信息共享，才能构建广义的物联网。物体信息的共享并不代表联网物体的信息完全暴露，只是对需要知道该物体信息的主体能够信息共享，对不需要知道的主体实施信息屏蔽，这些信息安全技术已经在互联网上得到了成功应用，因此也可以应用到物联网的信息安全防护中。

3．对物体的感知能够跨越地域

一个在局部实现的 M2M 的企业应用不能算是真正的物联网，至少不算是可运营、可管理的物联网，目标物体的流动在现实生活中时常发生，特别是物流行业，目标物体要流动到全国各地，乃至宇宙太空，要跨越多个行业，可运营、可管理的物联网就是要实现对这类目标物体的全程感知，否则就不能称之为物联网。

2.3.3　物联网运营的发展前景

我国物联网的发展是以应用为先导，市场发展趋势是从公共管理和服务市场，到企业、行业应用市场，再到个人家庭市场，逐步发展、壮大、成熟，三大细分市场呈现递进式发展趋势。目前，物联网产业在我国已完成前期的概念导入，进入产业链逐步形成阶段和应用示范期。技术标准和技术体系有待进一步完善，整体产业处于零散发展阶段。

　　基于 M2M 的应用只是物联网的雏形，真正意义的物联网还没有形成。作为物联网的基本构成，M2M 应用将会更丰富和多元化，企业聚集、市场应用解决方案的不断整合和提升，进而带动各行业、大型企业的应用市场。待各个行业的应用逐渐成熟后，将带动各项服务的完善和流程的改进，逐步形成比较完整的物联网产业链。

　　基于对物联网产业链发展的分析，结合多年电信网的运营经验，未来几年我国物联网的运营将是一个逐渐发展成熟的过程，将呈现"以点带面，由面至体"的运营体系，从单一 M2M 应用成熟运营提炼形成多个 M2M 跨平台运营能力，以跨平台运营经验带动关键技术和运营的提升，逐步演进形成物联网体系的运营。

　　现阶段运营商在产业链中发挥技术和资源优势，利用已有的电信网络运营经验，开发设置平台和中间件，标准化 M2M 网关和终端，逐步加大涉足产业链的深度，逐渐将通道提升为智能通道，从而掌握物联网的核心点和制高点。通过平台负责 M2M 通信的运行、维护、业务触发、管理，可以更好地保证 M2M 的 QoS，可以使 M2M 网络可管可控。运营商通过标准化、规范化，使得单个 M2M 应用成本更低，将促进整个产业链健康、快速的成长。

　　未来 3～5 年，公共管理和服务市场应用示范将形成一定效应。随着下一代互联网的发展以及移动互联网的初步成熟，企业应用、行业应用将成为物联网产业发展的重点。多个 M2M 应用以及跨平台应用逐渐稳定成熟，产业链分工协作更明确，产业聚集、行业标准初步形成。运营商在主导运营方面形成一定经验，扩大对大型企业、多行业的整体高效服务，使 M2M 的运营更趋规模和系统化。

　　未来 5～10 年，面向服务的商业模式将有较大发展，个人和家庭市场应用逐步发展，物联网产业进入高速成长期。基于面向物联网应用的材料、元器件、软件系统、应用平台、网络运营、应用服务等各方面将有特大发展，产业链逐渐成熟。行业服务迅速推广并获得广泛认同。运营商提供的各类物联网服务将成为产业发展的亮点，新型的商业模式将在此期间形成并为运营商带来更多的发展空间。

小结

　　本章讨论了物联网的运营管理，提出了物联网发展中存在的问题及其解决方法，分析了物联网运营的三层架构模型及其主要部分的功能，阐述了物联网运营的社会环境，探讨了物联网的发展前景。

习题

1. 试讨论物联网发展中存在的问题，并探讨解决的方法。

2. 简要说明物联网运营的三层架构模型，讨论其中主要部分及其功能。

3. 试分析当前物联网运营的社会环境。

4. 结合实际谈谈对物联网发展前景的看法。

第3章 物联网商业模式

学习重点

- 商业模式的几种不同类型定义
- 物联网商业模式的构成要素
- 国内外现有的物联网商业模式
- 选择物联网商业模式需考虑的问题
- 物联网发展可选择的几种类型商业模式

3.1　商业模式概述

3.1.1　商业模式的定义

商业模式的历史可追溯到 20 世纪 70 年代。Koncz（1975）和 Dottore（1977）在数据和流程建模的过程中，最先使用了商业模式的概念。

20 世纪 80 年代，商业模式的概念逐步出现在 IT 领域，以反映行业动态。

20 世纪 90 年代中期，互联网应用开始以构建企业电子商务平台为主流的浪潮，商业模式开始作为业界主流词汇语成为理论界和实业界的关注焦点。

对于商业模式的概念，理论界基于不同的角度，给出了多种多样的定义，主要的概念视角有以下几类：

1．盈利模式类

该类定义将商业模式描述为企业的盈利模式。

Hamel（2000）将商业模式分为四大要素，在四大要素间产生了三种不同的连接，这些连接重点就是公司如何赚得应有的利润。

Rappa（2004）认为，商业模式就其最基本的意义而言，是一种能够为企业带来收益的运营模式，是一个公司赖以生存的模式。

2．价值创造模式类

该类定义将商业模式表述为企业创造价值的模式。

如 Afuah、Tued（2000）和 Amit&zott（2000）都认为，商业模式是企业为自己、供应商、合作伙伴及客户创造价值的根本性来源。Mahadevan（2000）认为，商业模式是企业价值流、收益流和物流的混合体。Chesbrough 和 Rosenbloom（2002）认为，商业模式是反映企业商业活动的价值创造、价值提供和价值分配等活动的一种架构。Afuall（2003）的观点是，商业模式的目的是创造卓越的客户价值并确立企业获取市场价值的有利地位的各种活动的集合。商业模式创新的本质，是获取更大的价值。

3．战略类

该类定义将商业模式描述为不同企业战略方向的总体考察，涉及市场主张、组织行为、增长机会、竞争优势和可持续性等。

埃森哲公司的王波、彭亚利（2002）认为，商业模式可以包含两个层面的内容：一是经营性的商业模式即企业的运营机制；二是战略性的商业模式，指的是一个企业在动态的环境中如何改变自身以实现持续盈利的目标。

4．体系类

此类理论认为，商业模式是一个由很多因素综合起来构成的系统，是个体系或集合。Petrovic 等人（2001）认为，商业模式是通过一系列业务过程创造价值的一个独特的商务系统。马哈·迪温（2000）认为，商业模式是企业三种至关重要的流量——价值流、收益流和物流的唯一混合体。

3.1.2　商业模式的组成要素

商业模式通常包含"为谁"、"做什么"、"如何做"以及"如何盈利"四个组成要素。

"为谁"指的是"企业目标客户是谁"。

"做什么"是指能够为客户提供什么样的产品和服务以提升和体现客户的价值，这包含核心竞争力、采购、生产、营销四个环节。

"如何做"是指如何进行合理的组织结构设置，如何与供应商、分销商等利益相关者进行沟通和联系。

"如何盈利"是指要明确"企业的盈利模式是什么？""财务绩效怎么样？"以及"可以向利益相关者提供怎样的价值和投资回报？"。

3.1.3　商业模式的特征

商业模式是一个企业赖以成功的基础，成功的商业模式具有以下几方面特征：

1．有效性

商业模式的有效性：一是指能够较好地识别并满足客户需求，做到客户满意，不断挖掘并提升客户价值；二是通过模式运行能够提高自身和合作伙伴的价值，创造良好的经济效益；三是包含具有超越竞争者的、体现在竞争全过程的竞争优势，在关注客户、实现企业盈利的同时，要比竞争对手更好地满足市场需求。

2．整体性

好的商业模式至少要满足两个必要条件：第一，商业模式需要是一个整体，具有一定的结构，并非单一元素组成的单一体；第二，商业模式的各个组成部分之间需要具有内在的联系，这个内在联系把各个组成部分有机地联系起来。

3. 差异性

商业模式的差异性是指既具有不同于原有的任何模式的特点，又不易被竞争对手模仿和复制，保持差异，取得竞争优势。这就要求商业模式本身需要具有相对于竞争者而言较为独特的价值取向以及很难被其他竞争对手在短时间内复制和超过的创新特性。

4. 适应性

商业模式的适应性，是指企业在处理变化多端的客户需求、宏观环境变化以及市场竞争环境等方面的能力。商业模式作为一个动态的概念，有着不断变化的内涵。

今天的模式未必适用于明天，甚至今日成功的模式会成为企业未来正常发展的障碍。

好的商业模式，必须始终要保持必要的灵活性和足够的应变能力，因而只有具有动态匹配商业模式的企业才能持续获得成功。

5. 可持续性

企业的商业模式不仅要能够难于被其他竞争对手在短时间内复制和超越，还应能够保持一定的持续性。商业模式的相对稳定对维持企业的竞争优势十分重要，频繁调整和更新企业的商业模式增加了企业成本，也造成了顾客和组织的混乱。这就要求商业模式的设计、规范和实施具备一定前瞻性，并且在实际过程中进行反复矫正。

6. 生命周期特性

任何商业模式都有其适合的环境和生存土壤，都会有一个形成、成长、成熟和逐渐衰退的过程。

从目前产业的发展情况来看，物联网领域并无任何固定的商业模式。物联网发展将以创新为首要任务，包括业务的创新、合作模式的创新、盈利模式的创新等。

3.2　物联网商业模式的构成要素

结合我国物联网发展的特点，可将其商业模式的构成要素划分为目标客户、网络结构与应用定位、产业链、收入分配机制与成本管理 4 个部分。

3.2.1　目标客户

物联网不仅要实现人物间的信息智能化，还要实现物物间的信息智能化。因此，从服务对象来看，其目标客户可分为人和物两种类型，前者包括公众、政企和家庭 3 个市场，后者主要指动物、器物等。物联网应用具有时空跨度大、数据交互性强等特征，从这个角度看，物联网的目标客户分类如表 3-1 所示。

表 3-1 物联网的目标客户分类（基于行业应用角度）

类 型	具 体 内 容
公共服务	政府、海关、消防、水电、煤气、公共设施等
社会服务	广播影视、医疗救助、体育场馆、文化团体等
商业服务	旅游、娱乐、餐饮、物业、银行、保险、证券等
企业集团	油田、矿井、农、林、牧、渔、房地产等
贸易运输	公交、出租、邮政速递、仓储物流、水运、航空等
大型活动	展销会、运动会、大型会议、博览会等
个人用户	大众社团、家庭成员、私人俱乐部等

由表 3-1 可以看出，物联网客户群遍及各行各业，市场潜力巨大。因此，在物联网发展初期，认清市场环境、选准市场切入点是关键所在。政府、电力、交通等行业应用是首选，特别是那些由政府部门牵头规划的大工程、大项目，应该是打开市场大门的金钥匙。这类应用影响大，具有较好的示范效应。

3.2.2 网络结构及应用定位

从网络结构上看，物联网的体系架构主要由感知层、信息汇聚层、传输层、运营层及应用层组成（五个层面的功能分析见 1.3 节）。如果把物联网看作一个人的"神经系统"，那么感知层就相当于末梢神经系统，信息汇聚层和传输层可看成是脊髓，运营层便是大脑，应用层则是中枢神经系统。通过整个"神经系统"，便可以实现物联网的信息采集和设备控制功能。目前，我国的物联网发展尚处于初级阶段，感知层和信息汇聚层和传输层是较为关键的部分，技术和安全成为两大突出问题。但是，随着技术研发的成熟及相关标准的制定，平台运营与应用推广问题将会成为业界关注的焦点。

从应用的角度可对物联网进行如下定位：它利用互联网、无线通信网络资源对所采集的信息进行传送和处理，是智能化管理、自动化控制、信息化应用的综合体现。物联网的主要应用类型如表 3-2 所示。

表 3-2 物联网的主要应用类型

应 用 分 类	用 户	典 型 应 用
数据采集	公共基础设施	水电行业的远程抄表
	机械制造业	公共停车场
	零售连锁行业	环境监控、仓储管理
	质量监督行业	产品质量监管、货物信息跟踪

续表

应 用 分 类	用 户	典 型 应 用
环境监控	医疗行业	医疗监控
	机械制造业	危险源监控
	建筑业	数字城市
	公共基础设施	智慧校园
	家庭	家居监控、智慧电网
日常便利	个人	手机支付、智能家居
定位监控	交通	出租车辆定位监控
	物流	物流车辆定位监控
	公共交通	公交车辆定位监控
	监狱	犯人定位监控
	大型娱乐场所	游客定位监控
	医院	病人、护士、医疗设备定位监控

3.2.3 产业链

物联网产业链的构成如图 3-1 所示。

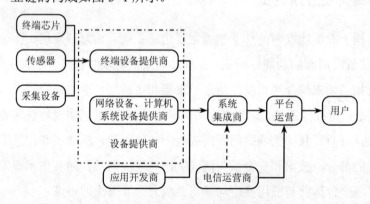

图 3-1 物联网产业链的基本构成

从图 3-1 中可以看出,物联网发展初期,终端设备提供商确认目标客户需求后便寻求应用开发商,并开发差异化应用,两者共同组成最终设备提供商,共同担当系统集成商的角色;通信运营商则负责提供配套的运营平台。这种由最终设备提供商主导的结构,虽然能满足客户对终端的个性化需求,但产业内部的市场较零散,业务功能较单一,尚处于培育阶段,系统的可靠性及安全性很难得到有效保障。因此,未来产业链中的主导者将逐渐向其他成员倾斜,并且产业链各方要既竞争又合作,才能实现整个产业持续稳定发展。

3.2.4 收入分配机制及成本管理

随着物联网的不断发展，越来越多的投资者进入了物联网领域。如何平衡各成员间的竞合关系，打破各自为政的局面，从而带动整个产业链接和谐高效运转成为各方关注的焦点。其实质就是内部利益的协调问题，主要涉及收入分配机制和成本管理。虽然目前尚未形成明确的收入分配机制，但将来可能会出现多种形式。比如，运营商和设备提供商之间以前主要是买卖关系，双方互不承担风险，但今后运营商将建立新的共享机制，从而使双方共担风险、共享部分收益。成本管理涉及的相关成本费用主要包括平台建设成本及运营维护费、识读器及识读标志成本、相关网络的通信费。在物联网发展初期，其成本主要集中在投资方面，随着产业规模的扩大，此类成本会有所减少；在中后期，涉及运营维护方面的成本费用会逐渐增多。可见，针对不同时期的成本特点，采取相应的成本管控措施具有十分重要的意义。

3.3 现有物联网商业模式分析

3.3.1 国内的现有物联网商业模式

综合国内一些专家学者的主要观点，将我国的现有物联网商业模式概括为以下几种类型：

1. 自营模式

自营模式即综合实力较强者自行搭建物联网运作所需的一整套系统（如感应终端、平台及业务开发等）并直接提供给用户。

这个其实是一个物联网发展初期的运营模式。就像信息系统一样，信息系统建设初期，都是自己建设自己管，特别是资金比较充足的企业，它们就是自己运营自己管，那么它应该具备什么样的条件才能自己运营自己管呢？

第一，要具备足够的财力、物力和智力；第二，物联网的运营应该给企业的运营带来足够的价值空间，如果没有价值空间的话，就不如不做。

自营模式的优势是与自身的业务发展结合的程度比较高，出了问题以后便于解决。劣势是此种模式下物联网信息享用程度比较低，专业化运营的能力欠缺，先进的技术，包括软硬件等的技术得不到共享，投资会越来越大，有运营不下去的隐患。

该模式较适合对私密性要求高、个性化需求明显以及跨行业拓展难度较大的行业应用，如电力远程监控、水文监控、污染源监控等。

2．通道兼合作模式

通道兼合作模式即由终端设备商、电信运营商以及系统集成商构成其主体。其中，终端设备商负责传感设备、标志等的制造，电信运营商提供平台，系统集成商负责开发和运营业务。或者是系统集成商仅开发业务，由电信运营商在平台上代表其实施应用控制。

3．广告模式

广告模式即广告商以租赁方式使用平台运营所搭建的传感终端、网络及开发的应用等，取得广告收入后向平台运营商支付相关费用。

3.3.2　国外的现有物联网商业模式

国外一些国家的物联网发展起步较早，并逐步形成了适合本国发展特点的成功的商业模式，主要有以下三种类型：

1．通道型

即运营商提供网络平台，系统集成商借助其平台推广应用，并向运营商支付平台使用费。这是目前使用最多的一种商业模式。

2．自营型

即运营商自行搭建平台、识读器、识读标志等，根据用户需求定制个性化业务，将一整套的应用直接提供给用户。

3．合作型

即运营商在一些应用领域挑选系统集成商作为合作伙伴，并代表系统集成商推广应用，系统集成商则负责开发应用和提供售后服务。

3.4　我国物联网商业模式的选择

目前，我国的物联网产业链已基本形成，其应用已经从小范围开始向大领域扩展。要实现整个物联网产业链的协同与优化，以及整个物联网产业的高效运营，选择真正可行的商业模式尤为重要。

3.4.1　选择物联网商业模式须考虑的问题

1．体制性障碍

虽然当前国家正大力推进大部制改革，但行业管理部门各自为政的现象仍大量存在，使得大量信息分布零散。如智能交通的应用，由于信息资源分布在公交、民航、铁路等多个部门，共享程度非常低，急需一个信息整合中心来实施协同管理。因此，我国所要选择的物联网商业模式应能积极的消除产业发展中的各种体制性障碍。

2．网络互通与信息共享

此问题不仅存在于电信网、互联网、电视网等公共网络之间，也存在于公共网与行业专网以及行业专网与行业专网之间。这些网络的互通与信息共享直接影响到物联网应用开展的难易程度和实际运行效果。如视频监控现已广泛应用到许多不同的专网之中，但各专网基本上独立运作，未实现全面联网，由此产生的信息滞后性直接影响着企业的应急能力。可见，今后所选择的商业模式应由一个统一的标准来规范，以保证网络资源的平滑对接，增强网络的通达性。

3．信息资源的深度开发

目前，国内一些领域（如道路交通、灾难预防等）虽然已经实现了内部小范围的互联互通，但基本上停留在技术和网络接层面，对所采集的数据挖掘不充分，使分析处理环节受到限制，在很大程度上影响了物联网的智能化进程。因此，将来所采用的商业模式应能建立各类信息资源服务公共平台，并由一个专业的集成商负责社会化的增值开发，从而为物联网的智能化应用奠定坚实的基础。

3.4.2　我国物联网发展可选的几种商业模式

物联网的发展不可能一蹴而就，需要一个漫长的过程。因此，具体选择哪一种商业模式，应根据物联网发展不同阶段的特征以及各种商业模式所具有的特点来决定。借鉴国内外已有的商务模式，结合我国的具体情况，未来我国物联网发展可选的商业模式主要有以下四种类型：

1．政府 BOT 模式

政府 BOT 模式即项目运营商在政府特许下自建传感终端、标志及开发业务应用，特许期满后移交给政府并由政府指定专门的机构负责运营，或者继续指派给项目运营商全权负责，通信运营商则提供相应的平台支持其推广业务应用，如图 3-2 所示。在这个过程中，政府获得了极大的社会效益，运营商则赚取了相应的利润。采用这种模式，一方面能够减轻政府公共部门的财政负担，缓解项目投资初期的资金压力，实现政府对成本预算的控制，并且整个建设运营过程的风险由政府和运营商共同承担，为系统的稳定性提供了有力的保证；另一方面，有效地调动了承接方参与的积极性，提高了运营效率，同时有利于提高我国的社会生产力和就业率，刺激经济发展，满足社会公众的普遍需求。如公共停车位的收费管理，电信运营商搭建停车场管理的公共平台并制定相关规范，项目运营商在政府特许下建立相应的收费系统，用公共停车位的收费来补贴相关设备及通信费用。

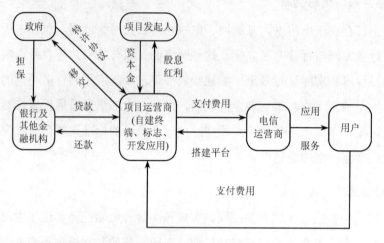

图 3-2　政府 BOT 模式

　　我国物联网发展的一大特点就是由政府统筹规划、协调相关部门，并提供相关扶持政策，制定相关标准规范，促进产业集聚的形成，为物联网发展创造良好的资源和社会环境。而在物联网产业发展初期，由于各方条件还不成熟，因此政府的扶持与调控起着先导性作用，具有战略性影响。要想在后期大力推广业务应用，一定要保证初期各项目投资建设的稳定性与可靠性。政府 BOT 模式能确保整个物联网产业朝着有序、规范的方向发展。

2. 通道兼合作模式

　　通道兼合作模式即系统集成商与终端设备提供商合作，借助电信运营商提供的平台开发推广应用，向用户提供一套系统性的解决方案，如图 3-3 所示。该模式兼具分有工与协作的特点，也最为简单，但其对系统集成商的专业化程度要求较高，各成员内部竞争性极强，很难形成竞争优势。

　　该模式在我国的物联网产业发展初期已具雏形。上海、无锡等城市已根据各自的经济、资源及人才特点做出了物联网产业发展的战略性规划，其中，对产业聪明、产业集聚等的规划部署充分体现了该模式在物联网发展中后期深度和广度上的拓展。具备物联网发展所需的成熟环境及充足资源的地域可采用此模式。比如，具有技术和人才优势的地域可作为系统集成商的集聚地，而资金实力雄厚的地域可重点发展设备制造及平台建设，通过各地域的分工协作，以点带面，由中心向周边扩散，从而实现整个物联网产业的联动发展。

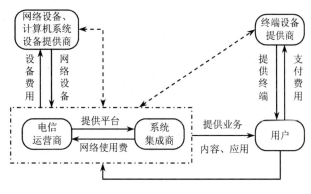

图 3-3　通道兼合作模式

3．广告模式

从一定程度上讲，广告模式可以看成是通道兼合作模式的一种变体。两者的区别在于广告商在广告模式中扮演着双重角色，既是应用的推广者也是应用的使用者（见图 3-4）。广告商可以选择将广告植入终端或应用，也可以选择在网络平台上进行展示。但无论如何选择，都将在一定程度上失去和平衡平台运营商之间以及各自内部的竞争与合作关系。

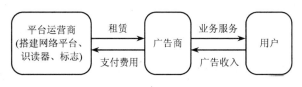

图 3-4　广告模式

如今，在我国三网融合的大环境下，越来越多的广告商开始涉足互联网和通信领域，而物联网的推进无疑帮助其开拓了更广阔的市场，因此广告模式越来越被广告商看好。目前，国内已有部分应用运用了该模式，如出租车及楼宇的移动广告机等。在物联网产业结构发展较为成熟且应用方面已形成一定规模效应时应选择此模式。一方面，广告商的介入为物联网市场引入了新的竞争，可激发市场活动，促进物联网发展的持续性和高效性；另一方面，为物联网的收入分配机制和成本管理增添了新的内容，有利于物联网产业朝着多元化、均衡化方向发展。

4．自营模式

自营模式即综合实力较强者自行搭建物联网运营所需的完整系统，直接向用户提供一套完整的应用与服务。该模式对运营主体的初期投入要求较高，其要承担物联网运营的全部费用，容易形成较高的行业壁垒，不利于物联网产业的规模化发展。但是，自营模式易于实施有效的内部控制，从而防止商业秘密和知识产权等的泄露；并且由于流通环节相对减少，能够快速响应客户需求。

在物联网发展初期，设备制造和系统集成环节的企业数量较多，而芯片制造、软件开发环节相对薄弱，相关技术研发水平和标准制定工作比较滞后，且行业间的壁垒较高，故不宜采用自营模式。但随着政府政策的扶持、相关标准的制定、产业联盟的形成以及集群效应的发挥，相对薄弱的环节将会不断壮大，为自营模式的运行提供了成熟的市场条件，因此在物联网发展后期，产业链中综合实力较强的主体宜选择自营模式，以优化内部控制、防止其核心竞争力削弱，并在深度和广度上更好的服务用户，获取更多的收益。

随着我国的综合国力不断增强，要实现物联网产业的快速发展以及应用的全面推广，未来不可能仅存在一种商业模式，必将是几种模式并存，并呈现出以其中一种或两种模式为主、其他几种模式为辅的多元化运作形式。

小结

本章讨论了物联网商业模式。介绍了商业模式的几种类型定义，探讨了物联网商业模式的构成要素，阐述了国内外现有的物联网商业模式，提出了选择物联网商业模式需考虑的问题，讨论了我国物联网发展可选择几种类型的商业模式。

习题

1. 商业模式有哪几种不同类型的定义？试讨论成功的商业模式应具备哪些特征？

2. 物联网的商业模式有哪些要素构成？举例说明。

3. 试讨论国内现有的物联网商业模式。

4. 试讨论国外现有的物联网商业模式。

5. 选择物联网商业模式须考虑哪些问题？

6. 我国物联网发展可选择哪几种类型的商业模式？结合实际分别讨论其特点和适用的相关地域。

第二篇

物联网云计算服务管理

第 **4** 章 云计算及其经济学分析

学习重点

- 云计算的概念
- 云计算服务的特征以及关键技术
- 云计算的三个主要服务层次
- 云计算服务按使用量付费的意义
- 云计算的成本效益分析

4.1　云计算概念与特点

4.1.1　云计算基本概念

云计算概念是由 Google 提出的，是一种网络应用模式。所谓"云计算"（Cloud Computing），就是分布式处理、并行处理和网格计算的发展。简言之，它将数据存储于云上、软件和服务置于云中、构筑于各种标准和协议之上，可以通过各种设备获得相应的云计算服务。在云计算的模式中，用户所需的应用程序、数据存储并不运行和保存在用户的个人计算机、手机等终端设备上，而是运行和保存在互联网上大规模的服务器集群中。

4.1.2　云计算的特点

云计算具有以下主要特点：

1．超大规模

"云"具有相当的规模，Google 云计算已经有 100 多万台服务器，Amazon、IBM、微软、Yahoo 等的"云"均有几十万台服务器。企业私有云一般有数百上千台服务器。"云"能赋予用户前所未有的计算能力。

2．虚拟化

云计算支持用户在任意位置、使用各种终端获取应用服务。所请求的资源来自"云"，而不是固定的有形的实体。应用在"云"中某处运行，但实际上用户无须了解、也不用担心应用运行的具体位置。只需要一台笔记本式计算机或者一部手机，就可以通过网络服务来实现我们需要的一切，甚至包括超级计算这样的任务。

3．高可靠性

"云"使用了数据多副本容错、计算结点同构可互换等措施来保障服务的高可靠性，使用云计算比使用本地计算机可靠。

4．通用性

云计算不针对特定的应用，在"云"的支撑下可以构造出千变万化的应用，同一个"云"可以同时支持不同的应用运行。

5．高可扩展性

"云"的规模可以动态伸缩，满足用户规模增长的需要。

6．按需服务

"云"是一个庞大的资源池，可按需购买；云可以像自来水、电、煤气那样计费。

7．极其廉价

由于"云"的特殊容错措施可以采用极其廉价的结点来构成云，"云"的自动化集中式管理使大量企业无须负担日益高昂的数据中心管理成本，"云"的通用性使资源的利用率较之传统系统大幅提升，因此用户可以充分享受"云"的低成本优势，经常只要花费几百美元、几天时间就能完成以前需要数万美元、数月时间才能完成的任务。

4.2　云计算的体系结构与关键技术

4.2.1　云计算体系结构

1．云计算体系结构模型

云计算是一个由并行的网格所组成的巨大的服务网络，它通过虚拟化技术来扩展云端的计算能力，以使得各个设备发挥最大的效能。数据的处理及存储均通过"云"端的服务器集群来完成，这些集群由大量普通的工业标准服务器组成，并由一个大型的数据处理中心负责管理，数据中心按客户的需要分配计算资源，达到与超级计算机同等的效果。图 4-1 展示了云计算体系结构的模型。

在云计算体系结构模型中，前端的用户交互界面（User Interaction Interface）允许用户通过服务目录（Services Catalog）来选择所需的服务，当服务请求发送并验证通过后，由系统管理（System Management）来找到正确的资源，接着呼叫服务提供工具（Provisioning Tool）来挖掘服务云中的资源。服务提供工具需要配置正确的服务栈或 Web 应用。

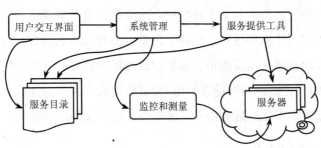

图 4-1　云计算体系结构模型

2. 用户获取云资源的过程

云计算同时描述了一种平台以及构建在该平台上的一类应用，图 4-2 展示了用户获取"云"端资源的基本过程："云"端为用户提供扩展的、通过互联网即可访问的、运行于大规模服务器集群的各类 Web 应用和服务，系统根据需要动态地提供、配置、再配置和解除提供服务器，用户只需基于实际使用的资源来支付相关的服务费用。

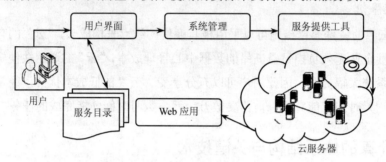

图 4-2　用户获取服务云资源过程

4.2.2　云计算关键技术

1. 虚拟化技术

虚拟化技术是一种调配计算资源的方法，它将应用系统的不同层面——硬件、软件、数据、网络、存储等一一隔离开来，从而打破数据中心、服务器、存储、网络、数据和应用中的物理设备之间的划分，实现架构动态化，并达到集中管理和动态使用物理资源及虚拟资源，提高系统结构的弹性和灵活性，降低成本、改进服务、减少管理风险等目的。

在云环境下的整体虚拟化战略中，我们可以利用虚拟化技术提供的机制，在无须重要的硬件和物理资源扩展的前提下，通过不同的方案快速模拟不同的环境和试验，达到预先构建操作系统、应用程序、提高安全性以及实现管理环境的目的，便于以后以更为简化和有效的方式将它们投入到生产环境中，进而提供更大的灵活性，并迅速确定潜在的冲突。从虚拟化到云计算的过程，实现了跨系统的资源动态调度，将大量的计算资源组成资源池，用于动态创建高度虚拟化的资源供给用户使用，从而最终实现应用、数据和 IT 资源以服务的方式通过网络提供给用户，并以前所未见的高速和富有弹性的方式来完成任务。云计算是虚拟化的最高境界，虚拟化是云计算的底层结构。

2. 海量分布式存储技术

为保证高可靠性和经济性，云计算采用分布式存储的方式来存储数据，采用冗余存储的方式来保证存储数据的可靠性，以高可靠软件来弥补硬件的不可靠，即为同一份数据存储多个副本。另外，云计算系统同时满足大量用户的需求，并行地为大量用户提供服务，从而提供廉价可靠的海量分布式存储和计算系统。因此，云计算的数据存储技术具有高吞吐率和高传输率的特点。

3. 并行编程模式

为了使用户能更轻松地享受云计算带来的服务，让用户能利用该编程模型编写简单的程序来实现特定的目的，云计算上的编程模型十分简单。必须保证后台复杂的并行执行和任务调度向用户和编程人员透明。云计算大部分采用 Map2Reduce 的编程模式。现在大部分 IT 厂商提出的"云"计划中采用的编程模型，都是基于 Map2Reduce 的思想开发的编程工具。Map2Reduce 不仅仅是一种编程模型，同时也是一种高效的任务调度模型。Map2Reduce 这种编程模型并不仅适用于云计算，在多核和多处理器、Cell Processor 以及异构机群上同样有良好的性能。

4.3　云计算的服务层次和模式分类

云计算是以公开的标准和服务为基础，以互联网为中心，提供安全、快速、便捷的数据存储和网络计算服务，而用户使用的服务或存储均是网络的"云"，云的互连使更多终端设备的数据共享成为可能。更加广义的云计算意味着服务的交付和使用模式，是通过网络以按需、易扩展的方式获得所需的服务。这种服务可以是 IT 和软件、互联网相关的，也可以是任意其他的服务。目前包括软件即服务（SaaS）、平台即服务（PaaS）、基础设施（硬件）即服务（IaaS）三种主流业态，如图 4-3 所示。

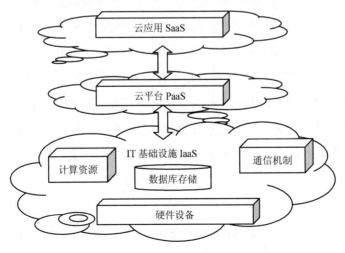

图 4-3　云计算服务层次

4.3.1　基础设施即服务

基础设施即服务（Infrastructure as a Service，IaaS）位于云计算三层服务的底端，也是云计算狭义定义所覆盖的范围，就是把 IT 基础设施像水、电一样以服务的形式提供给用户，以服务形式提供基于服务器和存储等硬件资源的可高度扩展和按需求变化的 IT 能力。通常按照所消耗资源的成本进行收费。

该层提供的是基本的计算和存储能力，以计算能力的提供为例，其提供的基本单元就是服务器，包含 CPU、内存、存储、操作系统及一些软件。自动化是一个核心技术，它使得用户对资源使用的请求可以以自行服务的方式完成，无须服务提供者的介入。一个稳定而强大的自动化管理方案可以将服务的边际成本降低为零，从而保证云计算的规模化效应得以体现。在自动化的基础上，资源的动态调度得以成为现实。比如根据服务器的 CPU 利用率，IaaS 平台自动决定为用户增加新的服务器或存储空间，从而满足事先跟用户订立的服务水平条款。具体的例子包括：IBM 为无锡软件园建立的云计算中心以及亚马逊的 EC2。

4.3.2　平台即服务

平台即服务（Platform as a Service，PaaS）位于云计算三层服务的最中间。通常也称为"云计算操作系统"。它提供给终端用户基于互联网的应用开发环境，包括应用编程接口和运行平台等，并且支持应用从创建到运行整个生命周期所需的各种软硬件资源和工具。通常按照用户或登录情况计费。在 PaaS 层面，服务提供商提供的是经过封装的 IT 能力，或者说是一些逻辑的资源，如数据库、文件系统和应用运行环境等。

通常又可将 PaaS 细分为开发组件即服务和软件平台即服务。前者指的是提供一个开发平台和 API 组件，给开发人员更大的弹性，依不同需求定制化。一般面向的是应用软件开发商（ISV）或独立开发者，这些应用软件开发商或独立开发者们在 PaaS 厂商提供的在线开发平台上进行开发，从而推出自己的 SaaS 产品或应用；后者指的是提供一个基于云计算模式的软件平台运行环境。让应用软件开发商或独立开发者能够根据负载情况动态提供运行资源，并提供一些支撑应用程序运行的中间件支持。

4.3.3　软件即服务

软件即服务（Software as a Service，SaaS）是最常见的云计算服务，位于云计算三层服务的顶端。用户通过标准的 Web 浏览器来使用 Internet 上的软件。服务供应商负责维护和管理软硬件设施，并以免费（提供商可以从网络广告之类的项目中生成收入）或按需租用方式向最终用户提供服务。

在 SaaS 层面，服务提供商提供的是消费者应用或行业应用，直接面向最终消费者和各种企业用户。这一层面主要涉及如下技术:. Web 2.0、多租户和虚拟化。Web 2.0 中的 AJAX 等技术的发展使得 Web 应用的易用性越来越高，它把一些桌面应用中的用户体验带给了 Web 用户，从而让人们容易接受从桌面应用到 Web 应用的转变。多租户是指一种软件架构，在这种架构下，软件的单个实例可以服务于多个客户组织（租户），客户之间共享一套硬件和软件架构。它可以大大降低每个客户的资源消耗，降低客户成本。虚拟化也是 SaaS 层一项重要技术，与多租户技术不同，它可以支持多个客户共享硬件基础架构，但不共享软件架构，这与 IaaS 中的虚拟化是相同的。

4.4　云计算经济学分析

4.4.1　按使用量付费的意义

云服务的收费非常灵活，客户是按照月或年以及使用量来交费（Pay per Use）。云计算能够在几分钟之内增加或减少一台服务器，传统方式则需要几个星期的时间才能完成，因而云计算可更好地按需分配资源。在一般数据中心，服务器的真实利用率低于 20%。大多数数据中心都会按照峰值准备资源，以便能够应付高峰期，不过非高峰时间资源难免闲置，峰值越高，浪费越多。

事实上，最普通的服务也会经历季节性或周期性需求变化，一些意想不到的需求（如新闻事件）也可能导致峰值。传统数据中心因为需要几周才能完成新装备的申请和安装，唯一的办法就是提前预备资源设备以便应付峰值。即使峰值预测正确，也会存在浪费，如图 4-4 所示。如果高估了峰值，则浪费更多，如图 4-5 所示。而如果低估了需求的峰值，则会使网站访问速度大幅下降，甚至无法访问，从而导致客户流失，如图 4-6 所示。

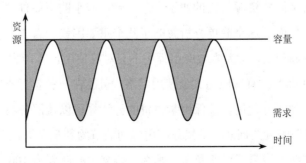

图 4-4　资源浪费的情况（阴影部分为非高峰时间）

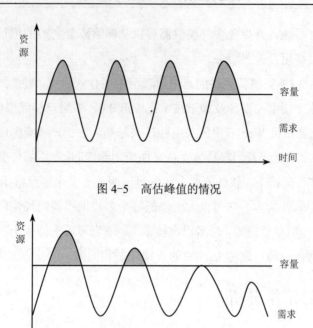

图 4-5　高估峰值的情况

图 4-6　资源配置不足的情况

无论对于大型公司还是中小企业。云计算的弹性都是有价值的，没有弹性的情况下，因为资源闲置，单位时间内成本太高。而过高估计峰值，也会导致同样状况。在低估峰值的情况下，资源配置不足，流失客户，也导致成本上升：由于一部分用户永久离开，固定费用保持不变，摊销在较少的用户身上。这说明了非弹性资源在面对任何突发的工作量时的根本限制。

4.4.2　迁移到云平台的经济分析

根据对 2003—2008 年成本数据的统计，信息服务中计算成本 5 年来大大地降低了，而网络成本 5 年来也有所降低。在表 4-1 中，提供了 1 美元在 2008 年可以购买的资源，以及在云计算平台上同样资源所需的费用。乍一看，似乎购买硬件比支付云计算平台资源使用费更合算。然而，这个简单分析忽略了几个重要因素。首先，传统数据中心中的每个资源是不能单独付费的。大多数应用程序不会对等使用计算能力、存储和网络带宽：有些应用大量使用 CPU，有些应用大量使用网络。可能在一种资源不够用的情况下，另外一种资源没有得到充分使用。按保用量付费的云计算可以按照各种资源的使用量单独付费，不会出现资源闲置的问题。虽然各应用确切的节约数量不同，但假设 CPU 使用只有 50%的时候，网络的容量已经满负荷，那么在数据中心就要为 100%的 CPU 付费。其次，云计算提高了资源的利用率，降低了资源闲置导致的浪费。最后，云计算能够更快地应对需求的变化。

表 4-1　资 源 成 本

资源类型	资　源	购买费用	1 美元可以购买的资源	同样资源在 AWS 上的租金（美元）
广域网带宽	100 Mbit/s 广域网连接	3 600 美元/月	2.7 GB	0.27～0.40
CPU 小时	2 GHz，4 核，4 GB 内存	1 000 美元	128 CPU 小时	2.56
存储	1 TB 硬盘	100 美元	10 GB	1.2～1.5

　　除计算资源外，电力、制冷和物理设备的成本也是必须考虑的。在表中，缺少了电力、冷却，以及建筑物的摊销成本。均摊这些成本之后，CPU 小时、存储和带宽的费用会翻倍。根据这一估计，在 2008 年购买 128 小时的 CPU 其实要花费 2 美元，而不是 1 美元，而 Amazon EC2[①] 上要 2.56 美元。同样，10GB 的磁盘空间成本为 2 美元，而不是 1 美元。最后，Amazon S3[②] 为了可用性和性能，至少要复制 3 次。这意味着在数据中心要达到同样水平的可用性的话，成本则要达到 6 美元，而在 Amazon S3 上购买的费用是 1.2～1.5 美元，不到自购存储的 1/4。

　　数据中心的运营成本是 CTO 们要考虑的另一方面。一般企业的数据中心都会配备一定规模的运营维护人员，包括服务器、网络和软件相关的技术人员，以便确保 IT 系统的正常运营。而当应用托管在公共云计算平台时，这些运营维护工作大部分由云的提供商来负责，如软件的部署、升级和打补丁等工作。

4.4.3　云计算的成本效益分析

　　根据美国权威部门的统计，企业在 IT 方面的 70%花费是用于维护现有的 IT 系统，而只有 30%的花费用在新功能的添加上。另外，该部门的统计发现企业的 85%的 IT 资源在大多数时间是空闲的。云计算的其中一个目标就是解决 IT 资源的维护和使用问题，帮助 IT 资源获得最大的使用率，最终降低 IT 资源的成本开销。据统计分析表明，使用云计算的企业可以节省 84%的成本，其投资回报率高达 1039%。表 4-2 介绍企业使用软件的几种模式，并进行了比较。

---

① **Amazon EC2 (Elastic Compute Cloud)** 是一个让用户可以租用云电脑运行所需应用的系统。EC2 借由提供 Web 服务的方式让用户可以弹性地运行自己的 Amazon 机器镜像文件，用户将可以在这个虚拟机上运行任何自己想要的软件或应用程序。

② Amazon S3，全名为亚马逊简易存储服务（Amazon Simple Storage Service），由亚马逊公司，利用他们的亚马逊网络服务系统所提供的网络线上储存服务。经由 Web 服务界面，包括 REST、SOAP 与 BitTorrent，提供用户能够轻易把档案存储到网络服务器上。

表 4-2　企业使用软件的几种模式及比较

比较项目	购买软件产品并 安装在自己公司	请 IT 公司定制软件 并安装在自己公司	使用云计算平台
购置成本	硬件和软件费用，价格高	硬件、软件和定制费用， 价格最高	按照时间和容量付费，价格最低
维护费用	购置价的 10%～20%	购置价的 10%～20%	0
实施时间	长	最长	短
客户 IT 人员投入	多	多	0
安全性	中—高	中—高	高（配合网络安全、数据备份等）
访问性	公司内部	公司内部	任何有互联网连接的地方
新功能拓展性	时间长，等待软件厂商的 补丁和升级	时间长，等待软件开发商 的二次开发	时间短，新功能可以实时上线， 更可结合手机等多种设备
类比例子	购买发电机自己发电	定制发电机自己发电	使用电网提供的电

　　本章阐述了云计算技术的基本概念、特点、体系结构、服务层次和模式分类以及其关键技术。另外阐明了云计算技术的市场价值并分析了其在经济上的优势，为中小企业在电子商务模式上采用云计算技术提供了理论依据。

　　云计算技术的出现，伴随着浓厚的经济和商务气息，中小企业应用电子商务服务的新趋势是基于云计算技术的按需服务。目前，从云计算技术在电子商务领域的应用状况来看，理想和现实之间还有一段距离，但云计算必将解决企业电子商务应用中存在的问题。

 ## 小结

　　本章讨论了云计算及其经济学分析的基本思路与方法，阐述了云计算的基本概念、特点、体系结构、服务层次和模式分类以及其关键技术，探讨了云计算的市场价值，介绍了云计算服务按使用量付费的意义，分析了云计算的成本效益。

 ## 习题

1. 什么是云计算？举例说明云计算具有哪些主要特点？
2. 简要描述云计算的体系结构以及用户获取云资源的过程。
3. 云计算的关键技术包括哪些内容？
4. 简要说明云计算的三个主要服务层次。
5. 结合实际谈谈云计算服务按使用量付费的意义。
6. 举例探讨云计算的成本效益分析。

第5章 基于云计算的电子商务模式

学习重点

- 基于云计算的电子商务模式
- SaaS模式的定义及其市场价值
- CaaS模式的定义及其解决方案
- CaaS方案与传统电子商务方案的比较

5.1　全新的商务模式

云计算作为一种全新的商务模式，其影响将不亚于电子商务。互联网的发展，让中小企业有了新的竞争机会，将产品和服务通过网络来提供给消费者，这就是电子商务。电子商务给企业带来了巨大的收益，但是中小企业开展电子商务的成本也是巨大的。虽然有一些应用服务提供商可以将其服务提供给企业，但是费用昂贵。云计算的出现，给中小企业带来了全新的机会，企业不必花大量的人力，财力，物力去建立电子商务系统以及后台的维护支持，这些任务都可以交给云计算提供商来处理，从而使中小企业可以集中精力去挖掘潜在顾客，去研究如何提高顾客的忠诚度，从而提高企业效益。

随着由 Google 公司和 IBM 公司等著名 IT 公司倡导的云计算技术的发展和推广，为企业尤其是中小企业电子商务的建设和发展提供了一种新的解决方案，给电子商务系统的应用带来了新的发展机会。

基于云计算的电子商务模式就是云计算与经济管理应用领域交叉和碰撞而导致企业的组织形式与盈利方式发生重大变革的电子商务新模式，是各种具有商务活动能力和需求的实体为了跨越时空限制，充分利用云技术在商务领域的应用特点，有效地利用资源，降低成本，提高企业的核心竞争力，最终完成商品和服务交易的贸易形式。

中小企业应用电子商务服务的新趋势是基于云计算技术的电子外包。企业只需要访问服务提供商建立的电子商务云上的软件库，就可得到其所需的管理程序、商业数据库资料，而不必单独投资建立内部的全套软件和程序，成本相对低廉，只需付一定的租金。电子外包实际上是"随需而变"电子商务的一种形式，这种模式就是利用云计算，使得中小企业在使用网络构架、应用程序时候就能像使用电力等一般公共服务一样方便。它不仅能同时为多个客户同时提供服务，而且能保证其应用环境的高度安全，企业在使用电子外包模式进行商务运作时，实际上采用以使用者为中心的设计原理，通过外向资源配置，避免新增加硬件投入，软件和程序开发成本，也就是说，当企业现有的 IT 资源能够满足业务需求的前提下，在使用的过程中，为保证业务的不间断运转，企业无需投入新设备，不用再付软件和应用程序开发的高额费用，只需要把工作任务分配给云端中任何闲置的 IT 资源来协助完成任务。

5.2　新一代电子商务解决方案平台

随着电子商务进入正规的发展阶段，基本的电子商务需求已经非常容易被满足，但是，对电子商务新业务模式的探索却一直没有停止。在传统的 B2C、B2B 模式的基础上，电子商务业务模型又有了更加详细的分类，例如直接业务模型（包括传统的 B2C、B2B 模型）和间接业务模型（包括托管模型、需求链模型、供应链模型、扩展商店模型）。同时，随着计算机技术的进一步发展，许多新技术、新概念被应用到电子商务软件中。例如，IBM 就已经把 SOA 的概念引入到它的电子商务解决方案 WebSphere Commerce 中，并且把 Web 2.0 技术应用到它的电子商务模型中。随着电子商务的逐渐普及，更多新的营销理念也应运而生，博客营销、RSS 营销等营销方式正在成为电子商务营销的新趋势。上述方向为当前中小企业电子商务的发展带来了革命性的影响。

5.2.1　WebSphere Commerce

在电子商务领域，IBM 无疑是先行者和坚定的支持者。1997 年，IBM 以全新的服务概念 e-Business 作为其产品研发的核心策略，由此引发了电子商务时代的到来。第一次互联网泡沫破裂后，IBM 对电子商务进行了慎重思考，提出了"随需应变的电子商务"理念。这种创新思维下的电子商务理念以商务本身的业务流程为核心，追求电子商务系统部署和实施的简单化、实用化。近几年，随着市场的变化、竞争的加剧和新技术的不断涌现，IBM 进一步完善了其电子商务理念，提出了以客户为中心、以服务为导向的电子商务理念。在这一理念的引导下，IBM 在第一代电子商务解决方案——Net.Commerce 的基础上开发出第二代电子商务解决方案—WebSphere Commerce。其特点如下：

1. 快速的、高度自动化的跨渠道营销

WebSphere Commerce 的主要价值是实现快速的、高度自动化的跨渠道营销和销售流程，帮助各种规模的企业实现随需应变，确保企业能够随时随地以任何方式开展业务。

2. 集成的电子商务解决方案平台

WebSphere Commerce 是一个集成的电子商务解决方案平台，支持超过 200 个可修改的已有业务流程，这从整个价值链上为企业到顾客（B2C）和企业到企业（B2B）的电子商务提供了强大的解决方案。作为一个软件产品，WebSphere Commerce 是一个基于 Java 的开放架构，并提供了一个由一组集成的软件组件组成的健壮的 Java EE 平台，通过这些组件，企业能够构建并管理个性化的电子商务站点。

3. 完整的电子商务解决方案

WebSphere Commerce 是一个完整的电子商务解决方案，它包括 IBM 的 WebSphere Application Server、DB2、WebSphere Payments 及 HTTP 服务器，并且能够与 IBM 其他软件产品，如与 Tivoli、Rational、Lotus 等进行集成，为企业提供了完整的软件解决方案。

4．实现了各功能模块的单独部署和独立动作

WebSphere Commerce 是以 SOA（面向服务架构）为架构，由紧耦合的模块化向松耦合过渡，实现了各功能模块的单独部署、独立动作。SOA 对外提供统一的服务接口，使产品开发者、最终用户及第三方提供商都可以通过统一的服务接口来定制商业逻辑，给用户以更多的灵活性，并能更好地适应用户的业务流程。同时，由于各个模块功能也都提供了 SOA 接口，就使得各模块相对独立，企业可以根据自身需要定制模块和功能。

5.2.2　SaaS 模式

SaaS 是 Software-as-a-Service（软件即服务）的简称，它与 on-demand software（按需软件），the Application Service Provider（ASP，应用服务提供商），Hosted Software（托管软件）具有相似的含义。SaaS 是一种软件服务提供的模式，是一种将软件部署为托管服务并通过 Internet 进行访问的模式。用户不用再购买软件，而改用向提供商租用基于 Web 的软件，来管理企业经营活动，且无需对软件进行维护，服务提供商会全权管理和维护软件。对于许多中小型企业来说，SaaS 是采用先进技术的最好途径，它消除了企业购买、构建和维护基础设施和应用程序的需要。

1．SaaS 带来的市场价值

SaaS 作为一种新型软件应用形式，旨在实现由企业内部部署软件向软件即服务的转变，在更深层次上带来了商业模式的转变，其所带来的商业模式转变主要包括：将软件的"所有权"从客户转移到外部提供商；将技术基础设施和 IT 管理等方面的责任从客户转移给提供商；通过专业化和规模经济降低提供软件服务的成本；能够覆盖中小企业信息化市场。具体如下：

1）软件所有权发生改变

传统的软件销售方式是客户为使用软件而购买许可证，并在属于客户或客户控制的硬件上安装软件，而提供商则根据许可证协议或技术支持协议提供支持。客户可以说"拥有"软件，并能根据需要随时使用软件，没有使用时间限制。而 SaaS 模式将软件的"所有权"从客户转移到外部提供商。客户不再直接"拥有"软件，而是要为运行在提供商服务器上的软件支付使用费。

2）IT 投入发生转移

在以传统软件方式构建的 IT 环境中，大部分预算花费在硬件和专业服务上，软件预算只占较小份额。在采用 SaaS 模式的环境中，SaaS 提供商在自己的中央服务器上存储重要的应用和相关数据，这使得企业客户不必购买和维护服务器硬件，也不必为主机上运行的软件提供支持。

3）规模经济产生边际成本递减

SaaS 模式比传统模式更节约成本。对于可扩展性较强的 SaaS 应用，随着客户的增多，每个客户的运营成本会不断降低。当客户达到一定的规模，提供商投入的硬件和专业服务成本可以与营业收入达到平衡。在此之后，随着规模的增大，提供商的销售成本不受影响，利润开始增长。

4）能够覆盖中小企业信息化市场

传统解决方案的提供商难以为中小企业提供价格低廉的服务，也难以顾及中小企业信息化市场。SaaS 提供商可消除客户的维护成本，利用规模经济效益将客户的硬件和服务需求加以整合，从而能够提供价格更低的解决方案，并可面向中小企业客户群开展服务。

2．中小企业应用 SaaS 的优势

SaaS 解除或减少了企业购买、构建和维护基础设施以及应用程序的需要。对于许多中小企业来说，SaaS 是应用先进 IT 技术的好途径。其优势体现在：

1）规模化带来价格优势

规模化提供服务的方式使平摊到每个付费企业的成本得以降低，中小企业可以以相对低廉的"月租"方式投资，减轻了信息化建设的资金压力。

2）技术架构先进

SaaS 的技术架构考虑到了多用户定制、可扩展性、数据扩展以及隔离等问题，其元数据的可配置使得平台底层具备可定制能力，能够充分满足企业的个性化需求并实现对企业需求变化的快速响应。

3）退出成本较低

SaaS 是一种"即用即买"的投资，企业不用一次性投资到位。如果应用效果不好，企业可以终止租用软件服务，发生的退出成本也较低。

4）使用门槛较低

企业不再负担 IT 基础结构以及应用程序的管理、监控、维护和灾难恢复，这在很大程度上缓解了中小企业信息化在人力、财力上的压力。

5）交易过程简单而透明

基于 SaaS 模式的软件可以在网络上展示出来，并提供一段时间的试用，有标准化报价对应标准化服务。企业能够清楚地了解软件服务的实际效果。

6）为中小企业带来客户价值

具体包括：收费方式风险小；按需订购；可以灵活地启用和暂停；产品更新速度快；全球 7×24 全天候的网络服务；无须额外增加专业 IT 人员。

5.3　CaaS 电子商务平台

5.3.1　CaaS 模式概念

CaaS（Commerce-as-a-Service，电子商务即服务）就是电子商务应用领域的 SaaS，它可以降低中小企业应用电子商务的门槛。这是 IBM 公司的 WebSphere Commerce 产品基于云计算而提出的电子商务即服务的新概念（CaaS）。它是一个由 IBM 建造并运营的在线租用电子商务解决方案，该平台可迅速为客户开辟网上商城。客户可以利用该解决方案完成在线交易。客户是卖家，将负责产品信息，库存，销售，市场营销等。在我国，大量的中小型企业构成了电子商务应用市场的"长尾"，具有大量的电子商务应用需求。对于 IT 预算并不宽裕的企业来说，通过 CaaS，它们可以像用水、用电一样按需购买电子商务应用，便捷地使用电子商务。CaaS 使企业可以更加快速、灵活和公平地获取商机。

CaaS 采用云计算最新技术，特别为中国客户优化界面，同时兼具个性化的促销推广功能。该平台架构在 IBM 的蓝云技术之上，能够为企业提供全生命周期的虚拟化管理以及业务支撑，从而保证网上商店的高可靠性和高性能。商家只需挑选所需功能便可快速上线。并且采用了 RevenueShare（收入分成）的业务模式，降低了企业的风险。平台拥有强大的后台集成功能，能够快速的、无缝的与企业 IT 系统集成，帮助企业实现资源利用的最大化。此外，CaaS 的后台可以跟淘宝上面的 C2C、B2C 的网页结合起来，把互联网上分散的订单结合起来，将把顾客都梳理到企业的信息系统；还可以把产品信息通过统一平台发布，大幅提高内部运营效率。把所有订单结合以后，可以通过统一的供应链订单处理系统来完成订单的处理，使效能更高。

5.3.2　CaaS 方案概述

CaaS 方案基于 IBM 的云计算技术、领先的电子商务套件（WebSphere Commerce）和 SaaS（软件即服务）的服务交付模式，是告别了传统的电子商务建设过程中的自购物理硬件（服务器、存储设备、网络设备）和电子商务软件（如 IBM 的 WebSphere Commerce 套件）使用许可的模式。客户只需要使用云计算的平台服务就能拥有健壮、稳定的、可扩展的电子商务 IT 架构，以及 SaaS 服务提供的功能强大的电子商务套件。Cass 解决方案如图 5-1 所示。

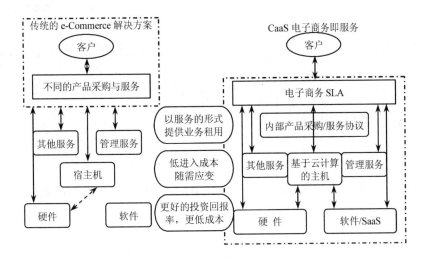

图 5-1　CaaS 解决方案

而在传统的电子商务解决方案中，为了开展电子商务业务，用户需要去采购相关的硬件：服务器、存储、网络等，还要配备相应的 IT 维护人员。这个庞大的采购和团队建设工程会持续 6～12 个月的时间，碰到各种各样的问题，国内电子商务人才的缺失会阻碍电子商务团队筹建的进度，和不同的硬件厂家的价格谈判让人在各种数字的报表中烦恼不已，运营维护人员的管理培训和管理制度的制定的各种成本会大大超出原有的预算。

5.4　CaaS 方案比较分析与市场商业价值

5.4.1　CaaS 方案比较分析

CaaS 与传统电子商务方案比较如表 5-1 所示。

表 5-1　CaaS 与传统电子商务解决方案比较

比较项目	传统 e-Commerce 解决方案	CaaS 方案
目标客户	大型企业级用户	中小型企业用户
投入成本	较大投资：硬件、软件、服务进入门槛高	较小投资：服务 进入门槛低
业务模型	Direct B2B，Direct B2C，Multiple Channel B2C，Hosted…	Direct B2C， Multiple Channel B2C， Direct B2B

续表

比较项目	传统 e-Commerce 解决方案	CaaS 方案
客户化定制	较多客户化定制，上线时间：6～12 个月	较少客户化定制，典型业务符合业界标准，2 个月快速上线
IT 实施和维护	有自己的 IT 团队，自己负责系统实施维护	CaaS IT 团队
业务运营	有自己的业务团队负责运营	CaaS 可提供运营服务
业务扩展	架构扩展，增加硬件和软件投入，需要较长时间	在云平台自动进行，简单快速

5.4.2 CaaS 市场商业价值

CaaS 的市场商业价值主要体现在：

（1）依托于 IBM 强大的技术实力，世界最好的电子商务平台解决方案之一，稳定，安全，灵活；部署在中国先进的蓝云平台，软硬件的高效使用和灵活分配，自动的工作负载均衡，提供专业化的基于互联网的软件服务。

（2）专为中国客户优化的商店页面。

（3）低成本的投入，低风险的实施方案，快速上线，回报周期短。

（4）当前是中国制造业介入电子商务领域，开拓新兴销售渠道的适宜时机。

（5）互联网的技术特性和传统企业在零售业经验的缺乏造成较大的投资风险，IT 投资在初期占比最大而且是传统企业经验相对缺乏的部分。

（6）利用过去成熟电子商务平台快速切入市场，并为未来发展奠定技术。选择成熟且有强大技术实力的平台是规避风险的最佳选择。

（7）利用新兴的技术手段减少 IT 投资，利用灵活的融资手段转移或与合作伙伴共同承担风险，共同分享收益，为传统业务提供风险的缓冲。

5.5 中小企业电子商务的云计算策略

中小企业在开展电子商务过程中，既要考虑企业在电子商务不同阶段的发展情况，同时也要从市场经济价值与电子商务应用模式的多元化角度去考虑解决方案，而基于云计算平台的应用模式对中小企业发展电子商务来说，恰好是种优化的解决方案之一。对云计算的策略选择也是不可忽视的一环。中小企业需要考量云计算给自身企业带来的各种利弊，才能更好地利用这个巨大的发展平台，增强企业在电子商务市场的竞争力。

目前，谷歌、IBM、亚马逊、微软、阿里巴巴都加入了云计算的开发行列。谷歌允许第三方在谷歌的云计算中运行大型并行应用程序；IBM 则推出了蓝云计划，让人们创建的新型应用程序能够访问大型共享的计算结点网格；亚马逊使用 S3 和 EC2 为小型企

业提供计算和存储服务；微软推出了 Windows Azure（蓝天）操作系统，通过在互联网
架构上打造新云计算平台，让 Windows 个人计算机延伸到"蓝天"上；阿里巴巴推出的
"阿里云"重点关注电子商务云计算中心，与杭州总部的数据中心一起协同工作，形成服
务器集群的"商业云"体系。

　　面对种类如此繁多而又各具特色的云计算系统平台，中小企业在开展电子商务，选
择云计算时，应该理性分析本企业的行业特点，根据自身的需求从业务角度出发选择适
合的云计算平台。

5.5.1　只作为使用者的中小企业

　　对于只想利用云计算来实现一些在线办公功能，仅仅作为终端用户参与其中的电子
商务中小企业来说，采用软件即服务的模式即可。可以使用谷歌或微软提供的服务，谷
歌以应用引擎的形式（Google AppEngine，GAE）提供云计算服务，并可免费使用谷歌
的基础设施来进行托管。此外还有微软推出的 LiveService，包括 OfficeLive、
WindowsLive。在线办公系统为中小企业带来了巨大的好处，企业可以使用基于云计算
的 Web 工具来管理项目，在财务报表、文档及演示文稿等多方面进行协作，管理企业范
围内的联系人和日程安排。对于中小型企业来说，这无疑节省了它们的运作成本，同时
提高了生产效率。

5.5.2　作为开发者和使用者的中小企业

　　第一种方式是使用平台，使用云计算厂商所提供的用户订阅、计费、部署、监控等
服务。这种模式的典型代表是 Salesforce 提供的 force.com 平台。这个平台以它的销售管
理而闻名于世，对于一些没有资金来购买服务器并且不希望从零开发的中小型企业来说，
使用 force.com 能够快速开发应用系统，是电子商务中小企业开发的助推器。

　　第二种方式使用基础设施模式，这里也存在两种不同的方式，即租用或者购买基础
设施。其中有以在线书店和电子零售业起家的亚马逊公司，它采用租借基础设施的方式
为远程云计算平台提供服务（AmazonWeb Service，AWS）。还有 IBM 公司推出的 CaaS，
它是一个由 IBM 建造并运营的在线租用电子商务解决方案，该平台可迅速为客户开辟网
上商城。以上两家都是将计算机资源（如存储、处理能力等）打包成类似于公共设施的
可计量的服务，通过存储服务器、带宽、CPU 资源以及月租费等向租户收取费用。这也
就意味着企业可采用按需收费的模式，中小企业不需要租用固定数目的服务器，因此，
尤其对于那些具有访问高峰和低谷并且差距很大的电子商务中小企业采用这种云计算服

务模式再合适不过。

5.6　应用案例：Y 公司云计算商务平台实践

5.6.1　Y 公司电子商务模式的选择

1．B2C 网上商城面临的机遇与挑战

很多企业可能已经在淘宝网进行了电子商务的试水，也取得了可观的销售额，然而这类电子商务模式对企业电子商务的进一步发展的限制越来越明显，主要体现在：

（1）C2C 市场的变形，诚信和价格体系影响品牌效应。

（2）受限于淘宝平台，价格、促销等功能相对简单，用户体验不够丰富。

（3）集成能力差，随着业务量的增加需要系统的集成以提高效率和可靠性。

（4）受制于淘宝规则，如搜索等。

（5）业务运营主要是被动的网上客服和订单处理，缺乏主动的产品管理、市场推广、在线营销，客户关怀和多数字接触点的整合。

（6）简陋的业务工具使运营效率受到很大的影响。

（7）由于系统 IT 运营由淘宝平台完成，进行业务的个性化定制无从谈起。

企业进入 B2C 市场的阻碍主要有：

（1）较大的投资风险。

（2）缺乏电子商务的运营团队。

（3）技术门槛高，运维成本大。

2．公司应用模式选择

根据 OPDAC（Origination-Penetration-development-age-conformity）五阶段模型原理，Y 企业电子商务模式目前正处在由深入（P）阶段向发展（D）阶段过渡时期，并且正在以 A 阶段为追赶目标。结合本企业服装网购业务的需求与发展特点，以及目前网上商城面临的挑战，公司在电子商务模式上，选择与 IBM 合作，引入电子商务新模式 CaaS 解决方案。IBM 为其量身定制化的"商务云平台"，在软件服务（SaaS）的基础上使用 WebSphere 品牌旗下的电子商务套件，帮助提供管理电子商务平台，并改进销售流程等。

3．电子商务云平台的新特性

（1）成熟的电子商务平台：降低系统构建风险，并利用丰富的电子商务实践经验，成为运营电子商务业务的重要支撑。

（2）较低的系统构建成本：在前景尚不明朗的情况下，无需拥有 IT 资产，以最少的投资构建满足自身需求的电子商务解决方案。

（3）快速上线：在较短的时间内完成电子商务方案的部署实施，快速启动电子商务业务的运营。

（4）无需系统运营的资源投入：合作伙伴负责运营电子商务系统，企业无需有专门的资源投入。

（5）完善的电子商务生态系统及专业的电子商务运营咨询：能够帮助企业构建完善的电子商务生态系统，整合物流配送，进行互联网营销、统计分析，以及与电子商务运营业务合作伙伴进行合作。

（6）稳定的 IT 支撑系统能够满足企业在不同时期的不同业务量需求，对于资源的使用能够按需分配，达到系统和业务的完美结合。

5.6.2　Y 公司电子商务业务流程

Y 公司电子商务业务流程如图 5-2 所示。

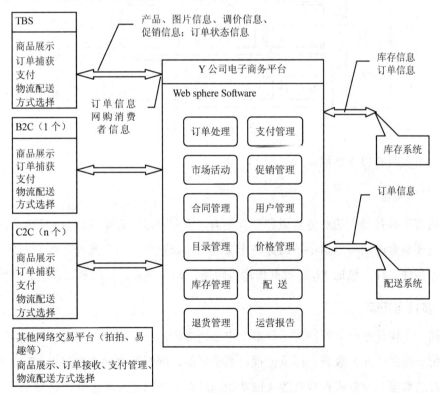

图 5-2　Y 公司业务流程

5.6.3　Y 公司解决方案设计

Y 公司采用 CaaS 解决方案实施电子商务平台，托管在云计算中心。新的电子商务平台为客户提供统一的购物体验，并和公司现有的后台 ERP 系统进行紧密集成，对网店经营特别是商品仓储数据进行有效管理。图 5-3 表现了解决方案提供的主要业务功能，包括：电子商务和 ERP 系统的集成应用，业务规则、商品管理、营销管理、在线销售、客户服务、订单管理等电子商务的主要功能，此外还提供了管理、运维和开发工具。依托这些功能和工具企业可以完成从商品信息发布、营销活动定义、多系统订单捕获、订单配送、销售数据的收集和跟踪、客户行为分析等一系列市场活动。

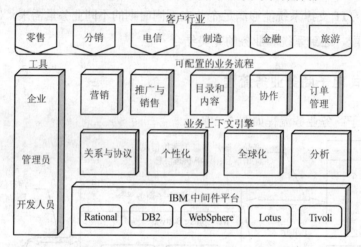

图 5-3　解决方案设计

解决方案具有以下功能：

1. 无缝整合

解决方案具备强大的业务集成和整合能力，企业可以同时集成内部和外部的业务系统，集成和整合的层面包括电子商务各个渠道的系统前台、后台操作系统、业务数据。技术手段多种多样，包括 XML 数据传输与转换、Web 服务、适配器以及消息系统。

2. 多站点运营

在同一个操作平台上可同时运行多个电子商务的站点，各个电子商务的站点既可共享平台统一提供的业务数据、标准流程、系统界面，同时各个站点也可以创建、维护和管理各自的数据、业务流程和资源。该功能满足企业全面多品牌经营、区域销售、高度个性化的客户服务等业务需求。

3．整合淘宝（C2C）、拍拍（B2C）等线上渠道，统一后台运营管理

统一管理第三方平台等线上渠道的商品展示和价格，捕获线上多渠道订单，后台集中处理。

4．高效灵活的订单处理

整合后的订单管理功能为业务人员提供统一的、跨渠道的订单管理视图，从而提高了订单处理的效率和客户满意度。同时，平台支持所有常用的支付方式、多种库存管理系统、多种订单的动态组合和物流配送，为企业制定更加灵活的销售策略提供技术的保障。

5．可配置的业务流程

该系统中的业务流程可以根据企业的个性需求进行灵活配置。市场情况的变化、客户行为的改变、企业新的策略的制定都需要对业务流程进行不同的改变，解决方案可及时调整企业动态的业务流程，大大缩短市场反应时间。

6．多种商务模式

平台同时支持 B2B、B2C 等业务模式，这种模式为运营多种电子商务模式的企业节省了 IT 投资，同时为多种商务模式提供了统一平台管理的可能。

5.6.4　Y 公司 CaaS 模式的实施

CaaS 模式的实施可以分为如下几步：

（1）客户需要与 CaaS 的提供商签署相关的协议，在该协议里，定义了客户根据自身的业务需求选择的服务条款，CaaS 的专家将为客户创建账户并完成相应的配置。

（2）由 CasS 的运营商为客户分配合适的硬件资源并完成镜像部署，然后创建个性化的商店，体现用户与众不同的地方（首先专业的用户体验设计师会根据客户需求设计信息结构图，然后界面设计人员会根据信息结构图设计出效果图，并和客户共同商讨页面中产品的摆放和广告位的摆放）。

（3）用户交互设计师会在界面效果图的基础上完善用户交互体验，并在需求文档中加以说明。

（4）根据以上内容，开发人员就会根据需求定制完成客户的网站。最后完成的系统经过客户的验证后就可以上线开始运营。

整个上线过程，客户无需参与太多，无需购买任何的软件或者硬件，无需组成专业

的运营维护团队。

5.6.5 Y公司CaaS应用平台效果评估

1. 应用平台效果

（1）CaaS系统基于业界领先的WebSphere Commerce平台，它已经在国内外为上千个客户提供平台支持，而且是具有强大实力的平台，是帮助客户规避风险的最佳选择。

（2）CaaS利用了SaaS最新的云计算技术，利用灵活的融资手段，转移或者与合作伙伴共同承担风险，分享收益，为传统业务提供风险的缓冲。

（3）在CaaS系统里，为客户提供了专业的运营维护团队，烦琐的网站日常维护将不再是客户的噩梦。

（4）随着客户的业务发展和成长，CaaS系统所构建的内容丰富的生态系统能满足客户在不同时期、不同发展阶段的业务需求，持续为企业的发展注入新的活力。

公司实施CaaS后，打开公司网店购物的消费者发现，网页的速度加快了许多，而且网上购物的体验更加舒服与顺畅。这就是引入云计算服务后给公司网店带来的新变化。在这个变化的背后，是一个被称为商务云平台的系统在运行，这个平台的服务器并不在公司，而是在IBM云计算中心。平台的维护和建设工作交由IBM来进行，而公司自身能把更多的精力专注于产品的营销。

2. 应用平台收益

在短时间内以低成本建立起一流的电子商务平台；全新的平台提升了客户体验，提升了品牌形象；通过与后台ERP系统的紧密集成，提升了订单速度与准确度，大幅提升了客户满意度，促进了在线销售。

CaaS帮助客户根据业务量的需求对基于云架构的虚拟资源进行随需的、动态的调整，根据客户的需求以及购物季访问量的估计，CaaS在整个购物季将分配给客户网店的资源扩大一倍以支撑节日购物高峰的访问流程。所以在购物季到来后，后台系统会根据客户流量来进一步动态调整虚拟资源，来动态支撑客户业务，让客户业务网上商店平稳运转，当购物季结束后，CaaS将动态增加的资源释放，以达到资源利用的最大化和最优化。

 小结

本章讨论了基于云计算的电子商务模式。介绍了SaaS模式的定义及其带来的市场价值，阐述了 CaaS 模式的定义及其解决方案，进行了 CaaS 方案与传统电子商务方案的比较分析，探讨了中小企业开展电子商务可以采取的云计算策略。

 习题

1. 什么是基于云计算的电子商务模式？
2. 什么是 SaaS 模式？举例讨论 SaaS 模式带来的市场价值。
3. 什么是 CaaS 模式？简要说明 CaaS 解决方案。
4. 结合实际进行 CaaS 方案与传统电子商务方案的比较分析。
5. 中小企业开展电子商务可以采取哪些有效的云计算策略？

第6章 云计算服务平台管理

学习重点

- 云计算的发展机遇和趋势
- 云计算服务平台的应用领域
- 物联网运营平台的主要功能及其云计算特征
- 基于云计算的物联网运营平台

6.1　云计算发展机遇、现状和趋势

6.1.1　云计算发展机遇

云计算作为新一代信息技术产业的重要组成部分，是继个人计算机、互联网之后的第三次信息技术浪潮，将引发信息产业商业模式的根本性改变。作为战略性新兴产业中的重点发展领域，云计算将极大地推动中国信息基础设施建设、支撑中小企业信息化升级并保障国家经济平稳较快发展、推动传统产业的改造升级和加速培育高科技新兴产业，具有战略意义。

1．云计算已成为国家战略性新兴产业重要方向之一

《国务院关于加快培育和发展战略性新兴产业的决定》明确提出要统筹部署、集中力量、加快推进信息技术产业在内的七大战略性新兴产业，发展新一代信息技术产业已经成为国家发展战略性新兴产业的重要任务。将得到国家在政策、资金、项目方面的大力支持。

2．云计算将成为中国信息产业快速发展的着力点

云计算市场将保持高速增长态势。一方面，中国拥有数量众多的中小企业，对于这些处在成长期的中小企业而言，自己投资建立数据中心的投资回报率较低，并且很难与业务的快速成长匹配，而云计算的租用模式正好为这些中小企业提供了合适的解决方案；另一方面，众多的服务器、存储硬件厂商以及软件与服务厂商都希望通过云计算平台将自己的产品与解决方案推广到政府和企业用户中，以便未来能获得更多的市场机会。随着云计算生态链构建的逐步成熟，相关产业链主体将努力在这一轮 IT 浪潮中寻找自身的优势位置，加速自身业务优化升级，助推整体 IT 产业的跨越式增长。

3．云计算有望整合产业链上中下游企业形成大联盟

云计算产业链的发展环环相扣，如同一个"金字塔"模型，从国内市场目前的情况来看，不同企业在金字塔的不同级别均有动作：处于金字塔基座位置的是基础设施层，能够提供计算、存储、带宽等按需的 IaaS 云基础设施服务，这是所有应用和平台的基础，也是云计算技术实力的集中体现；基于基础设施之上的是为应用开发提供接口和软件运行环境的平台层的 PaaS 服务；处于金字塔顶端的是应用层，提供在线的软件服务，即 SaaS 服务。金字塔的这三个层面合起来构成了一条完整的云计算产业链，随着国内云计算应用市场的进一步发展与成熟，产业链上中下游企业整合的趋势将更加明显。

6.1.2　云计算国内外发展现状

云计算自概念提出以来，国际 IT 巨头纷纷涉足云计算产业，Amazon（亚马逊）公司是世界最大的也是最成功的提供云计算 IaaS 服务的公司。亚马逊公司在全球各地拥有十余个数据中心、其中至少有 5 万台服务器用于运营亚马逊云服务。除了用于亚马逊自身的电子商务业务外，它把自己剩余的计算能力基于虚拟化的方式、通过简单的 Web 页面，允许最终用户很容易的申请和使用。租用亚马逊的 IT 服务可以极大降低自己的硬件成本以及运维投入，而且可以无限弹性扩展，自己将不再需要为了业务峰值准备大量机器，只要在有需求的时候购买，不需要的时候退掉服务，就可以将更多的精力投入到自己的核心业务上。亚马逊的 AWS 服务，获得了美国政府的信任，第一次将政府带入云端。这意味着无数美国国家信息，都已经上传到云端。在美国，AWS 已经被广泛接受，并取得了巨大的成功。由于法律的原因，中国的客户在某些场合不能够把数据放到国外的服务器，所以迫切需要在中国建立类似 Amazon EC2 的公有云服务。

随着国内经济建设的持续发展和云计算产业的到来，国家对云计算技术的推广力度也逐步加大。2010 年 10 月，国家发改委、工业和信息化部下发《关于做好云计算服务创新发展试点示范工作的通知》，选择在北京、上海、深圳、杭州、无锡五个城市开展云计算创新发展试点示范工作，但目前我国云计算产业总体仍处于起步阶段，尚未形成十分稳定的产业链分工，大规模商业应用模式仍未形成。但五个试点城市都已基本确定将"云计算"作为软件和信息服务业大力发展的战略性新兴业态，以全新的战略高度来全力打造，并取得了初步发展。

1. 智慧深圳

深圳是全国首个大力发展云计算的城市。2009 年 11 月，全国首家云计算产业协会在深圳成立，"十二五"期间，深圳市将着力谋划建设"智慧深圳"，加快发展云计算产业，建设华南云计算中心，并以系统应用为重点，突破虚拟化核心技术，构建云计算管理平台和基础设施，形成国际领先的云计算技术解决方案。同时打造完整的云计算产业链，力争到 2015 年，培育十家左右在国内有影响的、年营业收入超亿元的云计算企业，带动信息服务业新增营业收入超过 1 000 亿元。

2. 北京"祥云工程"

2010 年，为促进北京市战略性新兴产业在新一轮国际竞争中形成新优势，北京市发改委、市经信委和中关村管委会等单位组织一批北京云计算领域的领先企业，共同研究制订了北京发展云计算产业的战略行动计划，称为"祥云工程"。据了解，"祥云工程"已经列入北京"十二五"软件信息服务业和电子信息发展规划的重大工程，根据"祥云工程"计划，北京市将发挥云计算领域技术和产业优势，合理规划布局云应用、云产品、云服务和云基础设施，积极参与国际竞争，力争到 2015 年，形成 500 亿元产业规模，成为世界级云计算产业基地。

3. 上海"云海计划"

2010 年 8 月，《上海市推进云计算产业发展行动方案（2010—2012）》出炉，酝酿多时的"云海计划"开始实施。根据"云海计划"规划，3 年内，云计算将为上海新增 1 000 亿元服务业收入，推动百家软件和信息服务业转型，培育 10 家年收入超亿元的龙头企业和 10 个云计算示范平台。上海的目标是打造亚太地区的云计算中心，目前已经启动了总投资超过 30 亿元的 12 个重点云计算项目。

4. 无锡"城市云"

早在 2008 年，无锡市就与 IBM 展开一系列云计算项目合作。目前，无锡市确定了推进云计算服务创新发展的实施方案框架，其核心是开发"城市云"，全面启动和推进云计算服务发展。"城市云"平台，从全市层面统筹规划，进行顶层设计，这使无锡的云计算推进散发出前瞻性和系统性的光芒。

5. 杭州云计算发展情况

杭州市作为 5 个试点城市之一，积极推进云计算产业快速发展，特色是结合杭州软件与信息技术服务业的发展优势，如阿里巴巴旗下云计算公司、银江云计算公司和西湖云计算公共服务平台等。

阿里云计划通过与托管服务商和 IDC 服务提供商的全面合作引导中小企业向云计算平台迁移，与中小互联网企业合作共同创新发展增值服务，打造全球最先进的云计算商务服务平台，为中小企业提供低成本、高可靠、全方位的电子商务服务。

银江股份旗下银江云计算技术有限公司研发出"银云 II"云计算数据中心产品，"银云 II"云数据中心采用三层架构。通过以存储产品线、服务器产品线、网络产品线为核心的硬件设备来构建基础设施层。以数据融合平台、数据库系列产品、中间件系列产品组成的应用支撑层构筑了应用层和基础设施层的桥梁；以数据分析平台、数据资产库、大量的第三方应用平台组成的应用层能满足客户多方面的需求以及个性化的选择。

西湖区人民政府联合东华大学、浙江工商大学与 IBM 中国开发中心合作，于 2010 年 11 月共同启动"西湖云计算公共服务平台"建设工作，依托杭州湾云计算技术有限公司集中为电子商务行业云计算进行公共服务工作。已完成一期云服务中心的基础设施和云管理调度系统的建设，为中国化工仪器网、全球五金网、智能家居网提供云主机、商务智能、客户关系管理和管控一体化等云计算服务。

6.1.3 云计算未来发展趋势

随着 2007 年云计算的概念最初由 IBM 和 Google 提出，经过 4 年多的探索和实践，人们对于云计算的实质、云计算的应用、云计算对于行业的影响有了越来越深刻的认识。国内外云计算发展和实践表现出以下几种趋势：

1. 公有云使用价格持续下降，愈来愈普及

例如：Amazon EC2 价格在 2010 年 11 月份下降了 15%。基于 Linux 的 small 标准的虚拟机的实例的价格从每小时 10 美分降到 8.5 美分；同月，Google 将其 Picasa photo storage 服务价格从每年 20 美元降到 5 美元；云上应用（SaaS）的价格也在持续下降。通过这种激进的下降价格的方式，云服务商们试图获得大幅增加用户的数量。

2. 云计算安全性进一步提升

Cloud Security Alliance（云计算安全联盟）是由来自广泛的云运营商、服务提供商和应用开发商以及用户的代表成立的、以解决云计算的安全问题为主旨的联盟。Justin Steinman，Novell Inc.副总裁及联盟成员声称："安全性问题是阻碍（公有）云被接受的第一位的原因"。一系列安全相关的问题有待解决，例如：如果薪酬服务由第三方提供，万一发生敏感信息的泄露，谁负责承担责任？谁拥有数据？谁起诉谁？Steinman 设想可以通过使用者与云服务提供商签订严格的服务水平协议，加入严厉的罚责来解决这类的问题。同时用户也可以期待通过技术的进步使云服务提供商满足不同类型客户的安全性需求，应当也会针对此问题建立相关法规的。

3. "云集成"难题将会得到较好的解决，并促进混合云的发展

云上的应用非常容易获得，但是如何与企业已有的流程、应用进程集成跨云应用是一个大的挑战。集成服务本身也可能成为公有云或者私有云上的服务之一。传统上，大型企业使用私有云，中小企业和个人使用公有云。但是，可以预见的是，会有越来越多的各种企业尝试使用公有云，其动机是公有云上的功能可以很好地满足企业的需求，或者由于公有云上的应用符合标准化；另一个原因是传统软件企业将其软件进行 SaaS 化，从而被新、老客户接受。将公有云和私有云上的应用快速集成的能力是混合云成功的关键因素。另外，在中国，会大量出现城市、区域或者产业集群的服务支撑平台云，提供

通用的电子商务服务性质的应用功能。

4. 云计算中心更加绿色节能

云计算中心向绿色云计算中心发展，关注排放、电力、空间、环境等四方面的绿色，特别是力求降低功耗、取得更高的能耗有效性，并鼓励使用来自天然的（如风能）、非污染环境的能源。

5. 云计算从计算走向服务

以亚马逊为例，其从传统上提供虚拟机给最终用户，这当然为用户随需获取计算资源提供很大的便利，但是用户为了构建一个 IT 系统往往不只需要 CPU/内存/存储器等，而且希望按需获得靠近应用层面的能力，例如数据库服务、消息队列服务等。因此，为了更加方便用户获取各种云计算平台中的 IT 资源，亚马逊提供了各类的云服务（http://aws.amazon.com/），其中包括了计算类服务、数据库类服务、消息类服务、存储类服务、监控服务、网络类服务、部署管理类服务甚至初级的电子商务类服务。

在国内，阿里巴巴/淘宝的阿里云、淘宝开放平台（TOP）等工作也在进行着积极地探索，并且取得了很大的反响。

6. 基于各种云计算服务产生出各种创新业务模式

云计算打破了 IT 技术创新的围墙和天花板，为一些小但非常有创新点子的公司提供了发展的舞台，例如：

（1）RightScale：（Cloud）提供了面向应用的、底层基于 Amazon 云的服务器模板。

（2）Appirio：集成各种云。

（3）Zuora：提供云上的计费服务。

（4）Eucalyptus：IaaS 层级上的开源云技术。

（5）GoodData：提供云上的数据分析工具。

（6）Skytap：支持用户在他们的数据中心建立私有云。

（7）CloudSwitch：允许 drag and drop（拖动）VMware 环境到公有云服务。

（8）Okta（一种天空云量的度量）：云上的身份管理。

（9）Cloud.com（formerly VMOps）：云平台软件创业公司。

这些也从另外一个角度说明，如果有好的云平台的技术作为基础，即便是小型的技术公司，只要有非常好的、创新的想法，它们也可以在激烈的竞争中占有一席之地。

7. 云计算从技术走向行业应用，"行业云"涌现出来

随着云计算的发展，人们意识到，云计算最终应该解决行业的问题，因此人们的眼

光从传统的 IT 服务扩展到行业服务，并开始摸索多种行业云形态，包括：电子商务云、软件外包云、制造业云、物流云、旅游云、智能交通系统云、医疗卫生云等。这些行业云的涌现，必将对推动各行业的资源整合、促进行业资源优化和行业创新起到重要作用。

6.2　云计算服务平台的应用

6.2.1　云计算服务的实际应用领域

IDC 预计，从 2009 年底到 2013 年底，四年期间，云计算将为全球带来 8 000 亿美元的新业务收入，其中将为中国带来超过 11 050 亿人民币约合 1 590 亿美元的新净业务收入。欧盟委员会 2011 年 5 月 16 日提供的新闻公报称，研发和推广云计算技术已列入《欧洲 2020 战略》，是"欧洲数字化议程"的重要组成部分，云计算具有巨大发展潜力，预计到 2014 年，欧洲云计算服务总收入将达 350 亿欧元。2011 年 1 月 18 日，在宁召开的"打造中国云——云计算促进产业转型升级"研讨会上，中国工程院院士、云计算专家李德毅在报告中指出"云计算是物联网发展的基石，在中国，云计算已经走过概念炒作阶段，进入实际应用部署的阶段"。未来 3 年，云计算应用将以政府、电信、教育、医疗、金融、石油石化和电力等行业为重点，在中国市场逐步被越来越多的企业和机构采用。

作为一种新的应用方式和商业模式，我国云计算应用主要集中在电信、互联网、公共服务平台和中小企业 SaaS 服务等领域，除此之外，在金融、制造、流通和能源等行业也开始应用。云计算整合了 IT 资源并以统一的方式提供给用户使用，对 IT 资源的利用具有较大的规模效应，能够为用户节约大量的成本，有着巨大的应用潜力。具体表现在：

（1）加快两化融合。云计算使用户以较低的成本使用信息技术，可加快传统产业信息化改造，促进高新技术产业跨越式发展，加快国家信息化步伐，将有效促进我国两化融合进程。

（2）加速科技创新。通过提供海量的数据存储能力和强大的数据处理能力，云计算能够为科技创新提供坚实基础，提高科技创新能力，加快科技创新速度。

（3）助力节能减排。云计算对 IT 资源的集中和整合使用可以减少设备规模、及时关闭空闲资源，有效地降低能源消耗，提高电能利用率，助力节能减排。

云计算服务的实际应用领域主要有：

1. 政府

政府不仅是云计算重要应用领域，更是重要的市场启动力量，政府的推动可以促进云计算产业跨越式发展。各地政府将结合当地产业规划，积极建立云计算产业发展与创新基地，通过政府资金支持大力培育云计算技术服务厂商，建立面向城市管理、产业发展、电子政务、中小企业服务等领域的云计算示范平台，推动国内 IT 厂商向云计算服务商转型，并引导云计算技术和服务厂商向产业基地集聚，形成合力参与全球云计算产业竞争。

2. 电信运营商

依托云计算，电信运营商将借势发力，对内进行业务系统 IT 资源整合，提升内部 IT 资源的利用率和管理水平，降低业务的提供成本；对外通过云计算构建新兴商业模式的基础资源平台，提供公用 IT 服务，提升传统电信经济的效率，加速电信运营商平台化趋势与产业链的整合趋势，并在应用层面推动云计算的落地。

3. 企业

（1）大型企业通过私有云和混合云，可以节约企业硬件成本以减少设备规模、及时关闭空闲资源，有效地降低能源消耗，提高电能利用率。

（2）中小型企业通过以在线租用方式得到企业所需要的软件服务，降低企业获得 IT 能力的成本。当企业规模扩大时，可以随时按需从云平台上获得所需要的订单处理能力、客户分析能力、客户资料存储能力，以及网络带宽，而无需自己建设 IT 系统。可以有效解决企业的计算能力、存储空间和带宽资源等瓶颈问题。

6.2.2　云计算服务的企业场景应用案例

杭州市信息办通过对国家发改委、工业和信息化部下发《关于做好云计算服务创新发展试点示范工作的通知》精神的学习和理解，结合该市社会经济发展现状和趋势，确定云计算产业快速发展的重点是结合软件与信息技术服务业发展优势，以创建中国软件名城和打造全国电子商务中心为契机，引导信息服务企业进行云计算服务创新，通过服务创新带动技术创新，促进云计算核心技术研发和产业化；政产学研结合推进云计算公共服务平台建设，为政府、企业和群众提供高效、安全、低成本和实用的云服务。

"西湖云计算公共服务平台"的运营单位：杭州湾云计算技术有限公司立足于国内顶尖计算机技术业务，站在行业新高度引领云计算技术、虚拟化技术、SaaS（软件即服务）应用以及云主机存储技术业务的深入扩展。公司平台垂直深入行业领域，整合行业资源优势，为各行业领域服务，是各专业领域政府企业创新建设首选平台。现阶段湾云公司抓住支撑电子商务产业发展的关键要素，正在健全和完善云计算服务中心、培训中心、研究实验室和实训基地，开展基于多点触控技术的电子商务体验中心，使数据中心成为公共云资源平台的运维技术、基于云服务的公共实训平台和基于开源软件超市及全程电子商务云服务创新孵化平台等重点项目的研发和建设。通过湾云公司对外服务的产品，可微观解读云计算产品在企业场景的应用。

1. 公共云服务平台

湾云公司旗下平台最基础的按所订阅云资源类型和数量收费的服务形式。公共云服务项目主要以为政府及企业打造免费公共资源平台为主，如：公共存储、孵化扶持、应用软件等；本平台附带其他增值服务。公共云服务的目的是补充政府对企业提供的基本基础设施服务（办公室楼宇等），而在此基础之上提供企业日常运维所需要的基本的、通用的 IT 服务。例如，服务器资源、中间件资源、应用资源及其日常运维等，从而让企业专注在核心竞争力，免去对 IT 服务的后顾之忧。

2. 政府企业私有云服务

湾云公司旗下平台的一项高级收费服务项目，根据客户需求定制。主要为政府或者企业提供云计算虚拟化解决方案架构设计以及实施部署服务，本服务按项目统计，根据客户需求来决定收费价格。

3. 测试云服务平台

按临时租用的资源类型和数量收费的服务。本平台为开发型企业提供测试开发环境所需要的短期、大量的 IT 资源，服务方式为租用，收费一般按使用资源的数量、性质和时间计量。

4. SaaS 云商应用平台

有租用版、独立版两种收费方式。租用版：专为小型及初创型企业提供的 SaaS 应用平台，以租用为收费运营模式，客户无需任何硬件成本投入，按需选择相应的服务即可；独立版：大中型企业或当企业成长到一定规模时，对应用的需求和数据量较大时可选用独立版服务，平台将专为客户进行个性化服务。

5. 云终端服务

按租赁的盒子数量和服务器容量收费。本平台服务为配合新的科技园区使用。当企业入驻园区时立刻可以得到云终端盒子用以取代传统的台式机和服务器。并且由于采用了集中的管理，还可以避免数据安全的问题。

6. 云主机租用服务

按虚拟机数量收费。本平台服务为取代传统 IDC 数据业务的新型产品，主要为客户提供专业的虚拟机应用服务器，提供专用的虚拟网络、高级的安全性保障等。

6.3　基于云计算的物联网运营平台

6.3.1　物联网运营平台建设需求

物联网运营平台需具备以下功能：

1. 业务受理、开通、计费功能

要成为物联网业务的服务提供商，需要建立一套面向客户、传感器厂商、第三方行业应用提供商的运营服务体系，包括组织、流程、产品、支撑系统，其中支撑系统应具备业务受理、开通、计费等功能，能够提供物联网产品的快速开通服务。

2. 网络结点配置和控制功能

在未来的物联网中，每个物品都可能被贴上一个标识，分配一个 IP 地址，接入电信运营商网络，数以亿计的传感网络结点需要进行配置、管理和监控，这就需要物联网运营平台具备结点参数配置、结点状态监测、结点远程唤醒/激活/控制、结点故障告警、结点按需接入、结点软件升级、结点网络拓扑展现等功能。

3. 信息采集、存储、计算、展示功能

物联网运营平台需要支持通过无线或有线网络采集传感网络结点上的物品感知信息，进行格式转换、保存和分析计算。相比互联网相对静态的数据，在物联网环境下，将更多地涉及基于时间和空间特征、动态的超大规模数据计算，并且不同行业的计算模型不同。例如在出租车车载定位应用中，一般要求每辆车每 30 s 发送一次定位数据，物联网运营中心应能根据每辆车的位置和时间信息进行实时分析，跟踪车辆运行轨迹，快速匹配客户叫车地址，为车辆调度提供支持；再例如随着未来传感器的普及应用，Google地球模式将会发展成为法律许可范围内对整个物理世界的搜索，电信运营商也许不能做到全球，但可以做到提供一个城市、一个地区或一个国家范围内的商品、人流、车流、动植物生长等满足广大用户工作和生活所需的动态搜索服务，这些应用所产生的海量数据对物联网运营平台的采集、存储、计算能力都提出了巨大的挑战。

4. 行业的应用集成

不同行业的业务规则和流程不同，其应用的功能和计算需求也有差别。例如，在大气环保监控应用中，需要根据大气环境监测设备上采集到的降尘、一氧化碳、二氧化硫等数据，按一定的指标计算规则进行分析计算，得出分析结果，展现到监控中心计算机

或监控人员手机上；而在电力抄表应用中，对于采集到的用户电表读数，将会用于计算当月用电量和电费，生成电费账单，进而支持收费销账。不同行业应用的性能需求也不相同，有些是大流量高带宽应用（如视频监控类业务），有些是小流量低频次非实时应用（如水质监测），有些是高频次小流量应用（如车辆轨迹连续定位）。物联网运营平台不可能是一个面向各行各业都适用的通用系统，需要具备第三方行业应用的集成能力，并且能够满足不同行业应用的差异化性能要求。

6.3.2　物联网运营平台云计算特征分析

通过分析物联网运营平台的功能和性能需求，发现其在以下几个方面显现出了云计算特征：

1．对资源有大规模、海量需求

未来物联网运营平台需要存储数以亿计的传感设备在不同时间采集的海量信息，并对这些信息进行汇总、拆分、统计、备份，这需要弹性增长的存储资源和大规模的并行计算能力。

2．资源负载变化大

有些行业应用的峰值负载、闲时负载和正常负载之间差距明显，例如无线 POS 刷卡应用在白天较忙，而在夜晚较空闲。不同行业应用的资源负载不同，例如低频次应用一般 10 min 以上甚至 1 天采集、处理一次数据，而高频次应用会要求 30 s 采集、处理一次数据。另外，同一行业应用由于是面向多个用户提供服务的，因此存在负载错峰的可行性，例如居民电力抄表可以分时分区上报数据。

3．以服务方式提供计算能力

虽然不同行业应用的业务流程和功能存在较大差异，但从物联网运营角度来看，其计算控制需求是相同的，都需要对采集的数据进行分析处理，因此可以将这部分功能从行业密切相关的流程中剥离出来，包装成面向不同行业的服务，以平台服务方式提供给客户，客户只要满足服务接口要求，就能享受到这些服务能力。例如可以在物联网运营平台实现一个大气污染监控的计算模型，并暴露服务接口，行业应用调用这个接口就能够获得监控数据分析结果。

6.3.3　物联网运营云计算平台体系架构

针对物联网运营平台的云计算特征，考虑引入云计算技术构建物联网运营平台。基于云计算的物联网运营平台主要包括：

1. 云基础设施

通过引入物理资源虚拟化技术，使得物联网运营平台上运行的不同行业应用以及同一行业应用的不同客户间的资源（存储、CPU 等）实现共享。例如不必为每个客户都分配一个固定的存储空间，而是所用客户共用一个跨物理存储设备的虚拟存储池。

提供资源需求的弹性伸缩，例如在不同行业数据智能分析处理进程间共享计算资源，或在单个客户存储资源耗尽时动态地从虚拟存储池中分配存储资源，以便用最少的资源来尽可能满足客户需求，减少运营成本的同时提升服务质量。

引入服务器集群技术，将一组服务器关联起来，使它们在外界看来如同一台服务器，从而改善物联网运营平台的整体性能和可用性。

2. 云平台

这是物联网运营云平台的核心，实现了网络结点的配置和控制、信息的采集和计算功能，在实现上可以采用分布式存储、分布式计算技术，实现对海量数据的分析处理，以满足大数据量且实时性要求非常高的数据处理要求。例如可采用 Hadoop 的 HDFS 技术，将文件分割成多个文件块，保存在不同的存储结点上；采用 Hadoop 的 MapReduce 技术将一个任务分解成多个任务，分布执行，然后把处理结果进行汇总。在具体实现时，需要根据不同行业应用的特点进行具体分析，将行业应用中的计算功能从其业务流程中剥离出来，设计针对不同行业的计算模型，然后包装成服务提供给云应用调用，这样既实现了接入云平台的行业应用接口的标准化，又能为行业应用提供高性能计算能力。

3. 云应用

云应用实现了行业应用的业务流程，可以作为物联网运营云平台的一部分，也可以集成第三方行业应用，但在技术上应通过应用虚拟化技术，实现多租户，让一个物联网行业应用的多个不同租户共享存储、计算能力等资源，提高资源利用率，降低运营成本，而多个租户之间在共享资源的同时又相互隔离，保证了用户数据的安全性。

4. 云管理

由于采用了弹性资源伸缩机制，用户占用的电信运营商资源是在随时间不断变化的，因此需要平台支持按需计费，例如记录用户的资源动态变化，生成计费清单，提供给计费系统用于计费出账。另外，还需要提供用户管理、安全管理、服务水平协议（SLA）等功能。

6.3.4 物联网运营云平台实施策略

基于云计算的物联网运营平台架构是面向各行各业、大数据量、高性能计算的信息处理系统,而在现阶段物联网应用还未大规模普及的情况下,可以采用分步实施的策略:

1. 基础设施建设

从提供无线传输通道、网络结点配置和监控功能入手,与传感器厂商、行业应用厂商共同配合,为客户提供物联网服务。在这个阶段,可以将物联网运营平台部署在云基础设施上,实现资源的虚拟化和弹性伸缩,从而在小规模应用下最大限度地降低成本。

2. 典型行业试点

以 1~2 个行业为突破口,将云平台的网络结点配置和监控功能向计算功能延伸,采用分布式计算等技术实现行业计算模型,包装成对外服务;同时与行业应用提供商合作,由行业应用提供商按云平台接口标准开发云应用,集成到云平台上,形成物联网运营平台的平台服务化和应用服务化雏形。

3. 逐步拓展优化

不断拓展云应用的行业领域,优化云平台服务和计算模型,提升云管理能力,以增强物联网运营平台应对业务量不断增长的要求。这是个长期发展的过程,物联网应用和用户的规模越大,构建在云计算上的物联网运营平台的作用越明显,就越能发挥运营商在物联网产业链中的价值。

 小结

本章讨论了云计算服务平台管理。探讨了云计算面临的发展机遇和未来发展趋势,分析了云计算服务的实际应用领域,提出了物联网运营平台包含的主要功能,阐述了其云计算特征;介绍了基于云计算的物联网运营平台。

 习题

1. 结合实际试讨论云计算面临的发展机遇和未来发展趋势。
2. 云计算服务的实际应用领域主要有哪些?试举例说明。
3. 物联网运营平台应包括哪些主要功能?其云计算特征体现在哪里?
4. 基于云计算的物联网运营平台主要包括哪些部分?应采取哪些实施策略?

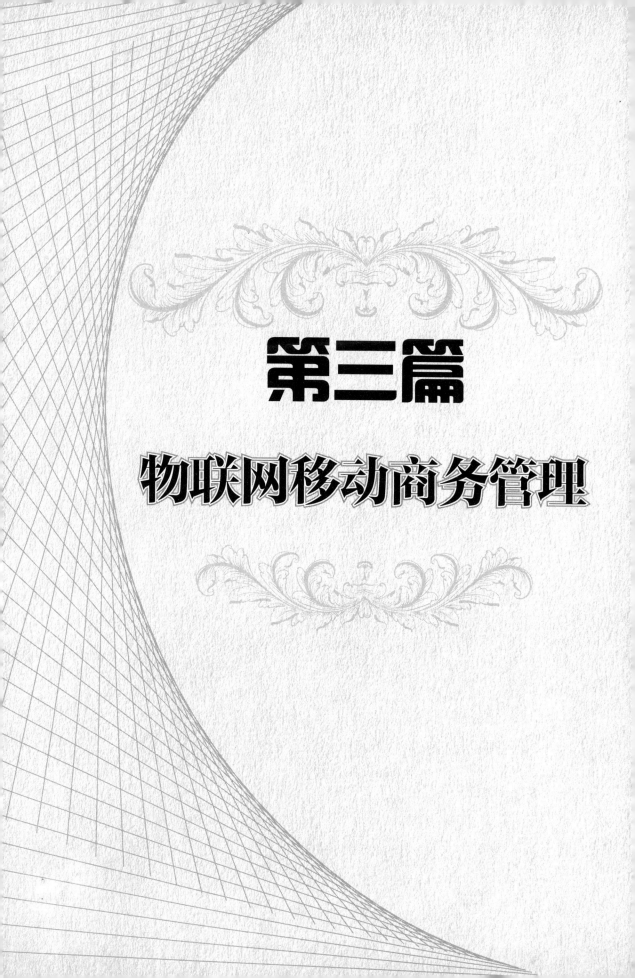

第三篇

物联网移动商务管理

第7章 移动商务管理概述

学习重点

- 移动商务的定义与特点
- 移动商务的发展趋势
- 移动商务商业模式的参与者
- 移动商务的主要商业模式
- 移动商务价值链的组成
- 移动商务的应用基础设施框架

7.1 移动商务综述

7.1.1 移动商务的兴起

1997 年移动商务诞生于在芬兰赫尔辛基地区安装的两个可口可乐自动售卖机器，自动售卖机通过短信接受付款。第一个基于手机银行服务推出于 1997 年，这个银行是梅里塔芬兰银行，它也使用短信进行服务。

1998 年以移动电话用户的数字内容进行了第一个销售商业下载铃声在芬兰推出。两个重要的国家移动电子商务的商业平台是在 1999 年推出：菲律宾智能货币（http://smart.com.ph/money/）和日本 NTT DoCoMo 公司的 i-mode 互联网服务。

移动商务相关的服务迅速蔓延，在 2000 年初，挪威推出手机支付停车。奥地利通过移动设备提供列车售票。日本提供手机购买机票。PDA 和蜂窝电话已经变得非常受欢迎，许多企业开始使用移动商务作为更有效的沟通方式与客户进行沟通。

为了利用移动商务的潜在市场，如诺基亚，摩托罗拉的移动电话制造商，正在为如 AT&T 无线公司和 Sprint 运营商发展 WAP 功能的智能手机。智能手机提供传真、电子邮件和电话功能。设备供应商和运营商能否盈利取决于高端移动设备和随之的应用。多年来早期采用者，如青年市场，这是价格最不敏感的群体，为其开发优质移动内容和应用必须成为设备供应商的主要目标。自 iPhone 推出后，移动商务已经放弃短消息系统。

2010 年，预测公司 Coda 认为移动广告市场将在未来五年内每年增长 37%，到 2015 年将达到 22 亿美元。而公司更为未来的移动商务而心动，移动商务的发展将以每年 65% 速度递增，到 2015 年将达到 240 亿美元，或者说 7.7% 的数字产业的收入。

7.1.2 移动商务的定义

目前，有各种不同的来源和文献定义移动商务。computerworld.com 的定义为，"移动商务是基于网络的，以无线广播为基础，使用无线设备，如手机和个人数字助理，以 B2B 或 B2C 的交易行为的电子商务系统。" earchingmobilecomputing.com 的定义为："移动商务是通过无线如蜂窝电话和手持设备 PDA 等购买和销售的商品和服务。"

一般而言，所谓移动商务（M-Commerce）是指通过手机、PDA（个人数字助理）等移动通信设备与互联网有机结合进行的电子商务的活动形式。移动商务的常见形式有：PIM（个人信息服务）、移动银行、移动贸易、购票、购物、娱乐、无线医疗、基于位置的服务（Lo-cation Based Service）、移动应用服务提供商（MASP）。移动商务是电子商务从有线通信到无线通信、从固定地点的商务形式到随时随地的商务形式的延伸，是电子商务的一个新的分支，移动商务在企业的交易方式、业务经营、移动终端用户的生活方式等许多方面都会产生巨大的影响，将成为未来电子商务的主流发展模式之一。

具体而言，移动商务的主要业务领域可以分为四类：金融服务、交易、娱乐、信息服务。

1．金融服务

在移动商务中，金融服务的概念是互联网银行概念的扩展，它允许客户使用数字签名和认证来完成以下功能：管理个人账号信息、银行账号或预付账户的资金转移、接收有关银行信息和支付到期等的报警、处理电子发票支付等。

2．交易

移动商务提供一个平台，使得客户可以随时随地进行交易活动。运用这个平台的都是对信息实时性要求较高的情况，如股票指数、事件通知、有价证券管理以及使用数字签名验证过的贸易订单等，而日常生活中常见的购票和购物也可以轻松地实现。购票业务主要包括订票、购票、支付和开收据等。这些应用可以用在多种领域，如航空、铁路、公路、收费站、影剧院、体育比赛、公园等。在移动商务中，购物主要是指通过移动电话完成电子商务，也就是说，通过移动电话完成电子商场（即虚拟商场）的订单、支付、购买物理商品和服务等业务。另一个可能的购物业务是在真正的商场里对商品的支付进行确认，如在商场里用户直接与收银员或销售机交互操作。

3．娱乐

移动商务的另一个很有吸引力的应用是娱乐业。服务提供商将为用户提供一种电子支付或签订合同的方法。这会影响到使用支付或收费机制的娱乐行业，如预付费游戏等。有了移动电子商务，需要付费的在线浏览、冒险游戏和其他具有收费性质的游戏将更加方便用户。

4．信息服务

包括新闻、导航服务、地图、目录服务、天气预报、定位服务等。

7.1.3　移动商务的特点

1．移动商务的优点

移动商务的优点主要有：

（1）无处不在：用户的移动设备是移动的，即用户随时随地可以访问移动商务。

（2）可访问：访问是与无处不在特定相关的，用户可以在任何时候任何地方访问。可访问是相对有线终端用户设备的电子商务最主要的优势。

（3）安全：取决于具体的用户设备，该设备提供了一定的水平固有的安全性。例如，常用的 SIM 卡在手机中是智能卡，存储用户机密信息，如用户的身份验证密钥。因此，移动电话可以被看作是智能卡使用的读器。

（4）本地化：本地化的网络运营商可以通过使用一个注册用户的定位系统，如全球定位系统，或通过 GSM 或 UMTS 网络技术，提供基于位置的服务。这些服务包括酒店、餐馆和设施的位置，旅游信息、紧急呼叫和移动办公等。

（5）便利：手机的大小和重量，以及其移动性和可访问性，使其成为理想的用于执行个人任务的工具。

（6）个性化。移动设备通常是用户与用户之间不共享。这使得可以调整移动设备使其适应用户的需求和愿望（如手机铃声个性化）。另一方面，移动运营商可以根据用户指定的特征（如用户可能更喜欢意大利食品）和用户的位置提供个性化服务。

2．移动商务的缺点

移动商务目前主要的缺点有以下几点。

（1）移动设备提供有限，例如有限的能力（有限的显示屏幕、电源等）。移动设备之间的差别如此之大，因此许多移动设备的用户服务需要相应定制。

（2）各种各样的设备、操作系统和网络技术对于最终用户平台来说是个挑战。基于这个原因，标准化机构包括电信公司、设备制造商以及增值服务供应商需要整合它们的工作。例如，目前许多移动设备采用了 IP 协议栈，提供标准的网络连接。在应用程序级别方面，Java 2 微型版（J2ME）给不同的移动设备提供一个标准化应用平台。

（3）移动设备更容易被盗窃和破坏。据英国政府报告显示，每年在英国超过 70 万的移动电话被盗。由于手机是高度个性化和包含个性隐私信息的用户设备，根据需要根据最高安全标准来保护其信息。

（4）在移动设备和网络之间的空中接口的通信增加了新的安全威胁（如窃听）。

7.1.4　实现移动商务的技术

1．无线应用协议（WAP）

WAP 是开展移动商务的核心技术之一。通过 WAP，手机可以随时随地、方便快捷地接入互联网，真正实现不受时间和地域约束的移动商务。WAP 是一种通信协议，它的提出和发展是基于在移动中接入 Internet 的需要。WAP 提供了一套开放、统一的技术平台，用户使用移动设备很容易访问和获取以统一的内容格式表示的 Internet 或企业内部网信息和各种服务。它定义了一套软硬件的接口，可以使人们像使用计算机一样使用移动电话收发电子邮件以及浏览 Internet。同时，WAP 提供了一种应用开发和运行环境，能够支持当前最流行的嵌入式操作系统。WAP 可以支持目前使用的绝大多数无线设备，包括移动电话、FLEX 寻呼机、双向无线电通信设备等。在传输网络上，WAP 也可以支持目前的各种移动网络，如 GSM、CDMA、PHS 等，它也可以支持未来的第三代移动通信系统。目前，许多电信公司已经推出了多种 WAP 产品，包括 WAP 网关、应用开发工具和 WAP 手机，向用户提供网上资讯、机票订购、流动银行、游戏、购物等服务。WAP 最主要的局限在于应用产品所依赖的无线通信线路带宽。对于 GSM，目前简短消息服务的数据传输速率局限在 9.6 kbit/s。

2．移动 IP

移动 IP 通过在网络层改变 IP 协议，实现移动计算机在 Internet 中的无缝漫游。移动 IP 技术使得结点在从一条链路切换到另一条链路上时无需改变它的 IP 地址，也不必中断正在进行的通信。移动 IP 技术在一定程度上能够很好地支持移动电子商务的应用，但是目前它也面临一些问题，比如移动 IP 协议运行时的三角形路径问题、移动主机的安全性和功耗问题等。

3．蓝牙（Bluetooth）

蓝牙是由 IBM、诺基亚、英特尔和东芝共同推出的一项短程无线联接标准，旨在取代有线连接，实现数字设备间的无线互联，以便确保大多数常见的计算机和通信设备之间可方便地进行通信。"蓝牙"作为一种低成本、低功率、小范围的无线通信技术，可以使移动电话、个人计算机、个人数字助理（PDA）、打印机及其他计算机设备在短距离内无需线缆即可进行通信。例如，使用移动电话在自动售货机处进行支付，这是实现无线电子钱包的一项关键技术。"蓝牙"支持 64 kbit/s 实时话音传输和数据传输，传输距离为 10～100 m，其组网原则采用主从网络。

4．通用分组无线业务（GPRS）

传统的 GSM 网中，用户除通话以外，最高只能以 9.6 kbit/s 的传输速率进行数据通信，如 Fax、Email、FTP 等，这种速率只能用于传送文本和静态图像，但无法满足传送活动视频的需求。GPRS 突破了 GSM 网只能提供电路交换的思维定势，将分组交换模式引入到 GSM 网络中。它通过仅仅增加相应的功能实体和对现有的基站系统进行部分改造来实现分组交换，从而提高资源的利用率。GPRS 能快速建立连接，适用于频繁传送小数据量业务或非频繁传送大数据量业务。GPRS 是 2.5 代移动通信系统。由于 GPRS 是基于分组交换的，用户可以保持永远在线。

5. 移动定位系统

移动商务的主要应用领域之一就是基于位置的业务，如它能够向旅游者和外出办公的公司员工提供当地新闻、天气及旅馆等信息。这项技术将会为本地旅游业、零售业和餐馆业的发展带来巨大商机。

6. 第三代（3G）移动通信系统

经过 2.5G 发展到 3G 之后，无线通信产品将为人们提供速率高达 2 Mbit/s 的宽带多媒体业务，支持高质量的话音、分组数据、多媒体业务和多用户速率通信，这将彻底改变人们的通信和生活方式。3G 作为宽带移动通信，将手机变为集语音、图像、数据传输等诸多应用于一体的未来通信终端。这将进一步促进全方位的移动商务实现和广泛地开展，如实时视频播放。

7.1.5　移动商务发展趋势

1. 彩铃和应用向实体项目转移

多年来，消费者已经习惯从服务提供商那里下载铃声和游戏。这些内容提供商包括 AT&T 公司和 Verizon 无线公司。最近，他们已经开始使用移动电话下载第三方应用程序，如苹果公司的 iPhone 和 Research In Motion 公司的黑莓。

现在，由于丰富的网络浏览器和易于使用的键盘，各国的手机用户不仅利用手机购买比萨饼和苏打水，而且购买书本和衣服，以及处理通常在商店浏览或通过个人计算机在网上购物的相关的各种事情。只要他们能确保交易和信息安全，零售商可以轻松地为移动客户处理订单和采购。

2. 零售商方兴未艾

最近许多移动商务的增长可以追溯到 eBay 和亚马逊（Amazon.com），2008 年两家的销售占所有移动实物销售约 70%。2009 年 9 月，eBay 表示其 iPhone 应用程序促进了 3.8 亿美元销售额。该工具可以让手机用户搜索和拍卖物品的出价，当中标时给其警示，并通过 eBay 的 iPhone 应用程序购买商品。亚马逊没有透露销售数字，"电话购物是越来越流行的时候。"亚马逊移动支付服务的董事长说。

移动内容商店的销售额在几倍的增长。苹果的 App 商店为 iPhone 和 iPod，iPad 销售游戏、电子图书，在 2009 年 9 月达到 20 亿美元的销售额。

3．智能手机渗透性增长

一个大的移动商务的驱动因素是采用浏览器的智能手机的增长。据 NPD 集团的调查，在 2009 年第二季度，在美国销售的 28% 的手机是智能手机，高于上一年同期 19%。而更多的美国人将能够很快地访问移动网络。根据比较购物网站 PriceGrabber.com 对 3 305 个美国用户进行的调查显示，1/3 的没有网络功能的手机的消费者计划在明年内购买能够上网的手机。该网站计划打算推出自己 iPhone 应用程序。而在中国，目前使用智能手机的年轻人数量更是爆炸式的增长。

4．VISA 推出了移动应用程序

为了移动商务的成功，零售商和运营商需要说服消费者，他们可以通过移动电话提供舒适的信息。许多运营商让用户利用电话费账单付费，并且如 eBay 的 PayPal 和亚马逊付款服务供应商正努力使移动用户更方便购买。2009 年 10 月，亚马逊推出了移动支付服务。

5．运营商必须提高网络承载能力

移动商务的成功也将取决于可靠性和无线宽带的负担能力。iPhone 这种带宽饥渴的设备使美国的无线运营商网络不堪重负。AT&T 公司，美国 iPhone 运营商，已采取措施，提高其网络的可靠性。它和其他服务供应商将需要确保其设备能够继续处理更大的需求，因为消费者将会通过移动电话做出更多的交易。

7.2　移动商务的商业模式

企业要想在移动商务中获得成功，必须建立一个既重视互联网的力量，又重视市场需求变化的革新的战略。这需要研究移动商务的商业模式。这里所说的商务模式，指的是产品、服务和信息流的逻辑架构，包括相关商务活动者及其角色，以及收入来源的描述。

采用成功的商务模式实施移动商务的企业，必须重视以下内容：

（1）核心竞争力。

（2）移动终端、无线网络的特性和限制。

（3）用户使用移动设备的情景和环境。

（4）互联网电子商务模式。

（5）市场需求。

（6）领域其他活动者。

（7）以前的成功经验。

移动商务商业模式涉及移动网络、运营商网络、设备提供商、移动终端提供商、内容提供商等。这些参与者以移动用户为中心，以移动网络运营商为主导，在一定的政府管制政策限定下开展各种活动，以实现自己的商业价值。

7.2.1　商业模式的参与者

在移动商务价值链中的主要角色有：提供操作系统和浏览器技术的平台供应商、提供网络基础设施的设备供应商、提供中间件及标准的应用平台供应商、提供移动平台应用程序的应用程序开发商、内容提供商、内容整合商、提供应用整合的移动门户提供商、移动运营商、移动服务提供商等。

移动商务交易中的参与者取决于其底层的商业模式，一般来说，移动电子商务交易的主要参与者如下：

1. 移动用户

其最大特点是经常变换自己的位置，用户接收的商品或服务可能因为时间、地点以及其使用移动终端情境的不同而不同。

2. 内容提供商

它们提供原创的，对客户有价值的内容，如新闻音乐等，向客户传递内容的方式有多种：可以通过 WAP 网关，也可以通过当地的移动接入商，选择不同的提供方式就会产生不同的商务模式。

3. 移动接入商

提供个性化的、本地化的服务，可以根据客户个人的偏好，定制浏览的内容，最大程度地减少用户的导航操作。

4. 移动网络运营商

在移动商务中，运营商的角色非常重要，根据它在价值链中的位置，它的角色可以是简单的移动网络提供者，可以是媒介、移动接入，甚至是可信赖的第三方。

7.2.2　主要商业模式

传统电子商务的商业模式发展到今天已经逐渐成熟，如网上商店、网上拍卖等；移动商务在网络经济泡沫破灭以后得到了迅速发展，并形成了初具规模的商业模式。

移动商务商业模式是由移动商务交易的参与者相互联系而形成的。因此，大多数移动商务商业模式可以与移动商务交易的参与者使用相同的名称，如内容提供商模式、移动门户模式等。

1．内容提供商模式

它的商业原型是通讯社、交通新闻提供者、股票信息提供者等，采用这种商业模式的企业通过向移动用户提供交通信息、股票交易信息等内容达到盈利的目的，企业可通过移动门户或直接向移动用户提供内容服务。除了这些企业采用该商务模式外，还有一些小公司或个人也可以采用这种商务模式，为移动设备开发内容并提供给软件公司，再由软件公司销售给移动的客户。

2．移动门户模式

即企业向移动用户提供个性化的基于位置的服务。该模式的显著特征是企业提供个性化和本地化的信息服务。本地化意味着移动门户向移动用户提供的信息服务应该与用户的当前位置直接相关，如宾馆预订、最近的加油站位置查询等，个性化则要求移动门户考虑包括移动用户当前位置在内的所有与用户相关的信息，如用户简介、兴趣爱好、过去的消费行为等。

3．WAP 网关提供商模式

该模式可以看作是 Internet 电子商务中应用程序服务提供商（ASP）模式的一个特例，在该模式中，企业向不愿在 WAP 网关方面投资的企业提供 WAP 网关服务，其收益取决于双方所签订的服务协议。

4．服务提供商模式

企业直接或通过其他渠道向移动用户提供服务，其他渠道可能是移动门户、WAP 网关提供商或移动网络运营商，而企业所能提供的服务取决于其从内容提供商处可以获得的内容。

上述参与者和商业模式加上 Internet 电子商务中的参与者和商业模式（如支付服务提供商金融机构）结合起来，构成了复杂的移动商务商业模式。每个参与者为了采用收益率最高的商业模式，必须考虑核心竞争力、移动商务环境的特性、互联网商务模式成功的经验。好的商业模式所提供的服务，应该使用户、商家和服务提供商均能够通过移动电子商务活动增加自身的价值。只有这样，他们才能获得大量稳定的客户，移动商务才能够真正发展起来。

7.2.3　移动运营商的商业模式

当前，移动运营商正在以数据业务来弥补语音业务收入方面的下滑趋势，以此为契机，移动互联网市场呈现出越来越快的发展势头，像 BT Cellnet 和 T-Mobile 这样的运营商早已从这些数据业务中获得了 ARPU（每用户平均收益）的迅速增长。然而，在运营商不断努力增加数据业务带来利润的同时，他们必须考虑如何共同构建这个无线数据或者移动互联生态系统。

运营商的商业模式决定了在这个移动互联生态环境中应用发展的步伐和性质，一般说来，运营商可能会在如下几个商业模式中做出选择：

1．封闭收入系统

这种模式下，运营商全面负责开发、聚集和发布移动内容。它的门户网站可能有选择的与少数几个第三方内容提供商链接，并且要达成一些基本的许可协定。这种机制限制了内容提供商参与收入分成，他们需要开发单独的计费系统。而消息业务则基本上由运营商独资经营和管理，包括 E-mail、SMS 等。

2．智能生态系统

这种模式下，运营商把内容的开发和聚集开放给很大范围的提供商，包括其门户的内部和外部。以用户和收费业务为基础，通过与内容合作伙伴的利益分成，形成了一种业务创新的激励机制。而运营商只收取其中很小的一个百分比，作为其提供计费功能的报酬，但却拥有了高价值的消息服务，包括即时消息、统一消息和多媒体消息等。

3．底层传输系统

这种模式下，第三方合作伙伴完全拥有并控制内容和消息应用，运营商不提供任何高级业务，也就不能要求传输收入之外更多的收入。没有了这些高级业务，价格成了留住客户的主要工具，从而导致了互联网相关收入的下降趋势。

在采纳智能生态系统的发展策略的同时，运营商有必要考虑这种方式与传统方式之间的内在差别，特别是在业务提供、内容和消息应用等方面的因素，然后才能根据这些差别来选择最适合的商业模式。

建立同第三方内容应用开发商的开放合作关系是内容应用发展的核心。通过提供不同的业务平台，保证应用在不同媒体和不同格式下的可用性，运营商培育着市场的增长。此外，运营商还要提供各种基本服务要素，比如客户的引导、网络支持、安全、计费和提高用户满意度等。通过共同构建产业价值链，不仅使整个产业的 ARPU 显著增长，而且运营商和整个生态系统的 ARPU 也大幅度提升。

不过，消息应用还要有些不同，它要获取唯一识别用户的内在信息，包括个人信息管理（PIM）和网络身份。有了这些信息，运营商就能增加他们服务的粘度，从而减少对为留住客户所采取的价格策略的依赖。放弃对消息应用的所有权，把消息应用市场拱手相让给其他市场参与者，也会降低运营商在基础传输层的盈利能力，最终会导致他们在潜在的资本市场上失去很大的份额。

7.3　移动商务的价值链分析

7.3.1　移动商务的价值链

价值链是一种对企业业务活动进行组织的方法，企业实施这些活动对其销售的产品或服务进行设计、生产、促销、销售、运输和售后服务。但是现代交易的完成不仅涉及了供需两方，还会有为交易实现提供多方服务的第三方。信息技术的发展逐渐打破了企业、行业发展的界限，使不同行业融合发展，共同参与到某一商务交易活动中成为企业价值链的一部分。企业的价值增长不再单纯的取决于企业自身或某一方，而是需要处于价值链不同环节的企业或个人协调、努力，实现多方共赢。在移动商务交易活动中，参与交易的有企业、个人、各种服务机构（银行、咨询公司、物流公司等）、移动门户、移动网络运营商、内容提供商、应用服务开发商、移动终端制造商、设备软件提供商等，他们共同构成了移动商务的价值链。

1．技术平台制造商

技术平台制造商为移动设备提供操作系统和微浏览器，这些移动设备包括移动电话和 PDA 等。操作系统之战在微软的 Windows CE 以及 Symbian 和 Palm 之间展开。Symbian，是由行业联盟组成，其成员包括 Psion，Motorola，Ericsson，Nokia，Matsushita，共同支持 Psion 的 EPOC 操作系统，现在又与 3COM 结成同盟，3COM 拥有最流行的 PalmOS，现在的挑战是如何将 EPOC 与 PalmOS 结合。

微浏览器市场现在绝大部分被 Phone.com 所占领，它已经获得了除 Nokia 和 Ericsson 以外的所有的移动电话制造商的支持，后者正在推出自己的微浏览器产品。

2．基础设施设备制造商

移动网络基础设备供应商的领导者包括：Motorola，Ericsson，Siments，Nokia 和 Lucent，他们已经发展出移动数据、移动互联网以及移动商务的解决方案，并为其大做广告。他们以创新的速度推动移动产业的发展，不断发展新的技术，如：WAP（Wireless Application Protocol），HSCSD（High Speed Circuit Switched Data），GPRS（General Packet Radio Service），EDGE（Evolved Data for GSM Evolution）和 UMTS（Universal Mobile Telecommunications System）。

3. 应用平台制造商

中间件是一个提供无线互联应用的主要基础设施，例如：既可以在运营商端又可以在公司客户端应用的 WAP 网关。

4. 应用开发商

Robertson Stephens 预计在无线领域里，最具爆炸性增长潜力的当数应用开发。无论对企业还是个人消费者，打动他们的应用才是最终购买决策的推动力。两类应用开发商的发展会很有市场：

（1）将已有的企业应用用于无线领域。如 Aether 为嘉信理财（Schwab）提供的无线解决方案，以及 Ebasystem 为主要行业提供的企业应用，包括：金融服务、医疗服务、后勤服务等。

（2）创造和发展创新的应用，专为发挥移动用户和无线设备的长处而设计。移动环境的应用现在主要集中在 Windows CE，EPOC 和 PalmOS 之上。然而，大部分的应用都是离线的。现在 WAP 正在受到更多开发者的支持，WAP 是针对移动电话市场而不是 PDA 市场开发的，这对移动终端的市场销售产生了很大的影响。对比西欧市场可以得出结论：1998 年 PDA 销售了 140 万个，而移动电话销售了 9 000 万个。

5. 内容提供商

一些技术领先的内容供应商正在向移动领域进军，为即将到来的移动商务做准备。他们要为自己的产品做多渠道的分销。例如：路透社正在与 Ericsson 和 Nokia 建立合作关系，传递它的信息，同时它还与一些大的门户站点如 Yahoo 及 Excite 合作，这些门户站点也在建立自己的移动门户。另外，路透社在一些市场上还建立了自己的移动门户。即使用户已经习惯为移动的增值服务付费，对内容收费依然是件困难的事。移动内容供应商最简单的实现收入方法是与电话公司分账。当移动商务开始起飞时，再采取一些动态的收费方式，如广告、赞助、订阅等模式。在德国，现在已有超过 1 500 家的移动服务商提供 WAP 服务，其中许多是采取订阅模式收费的。

6. 内容集成商

一种新型的内容集成商正在出现。他们把数据重新打包，再发布给移动终端。他们的价值在于给用户的信息是最合适的信息，例如 Olympic Worldlink 公司，已经开发出一种叫做移动期货（Mobile Futures）的解决方案，它不仅能够提供金融市场、政治和其他新闻，还能提供实时的期货和期权市场的信息。另外一家英国公司 Digitallook.com，能够提供 BBC，CNN，AFX 的新闻以及股票信息，以供 PDA 的使用者下载。

7．移动门户

移动门户由各种集成的应用和内容组成，以便成为用户最主要的网上信息来源。移动门户与通常的门户不同，最主要的特点是个性化和本地化。因为移动商务的成功关键在于易于使用和在合适的时间传递合适的信息。据估计，移动电话用户在在线的商业环境下，每多击一次键，交易成功的可能性就减少 50%。MSN 和 Yahoo 都是首批向移动用户提供服务的门户，然而他们的主要目标还是在美国。我国一些大的门户网站也都开始提供移动门户服务。

8．移动网络运营商

运营商，例如：Mannesmann，Orange，TIM（Telecom Italia Mobiles），中国移动，中国联通等，是引入移动商务服务的受益最大者，因为他们已经和客户建立了收费的关系，并且他们控制了预置在 SIM 卡中的门户，运营商的目的就是成为移动商务中最主要的角色，拥有门户，分享通过其网络实现服务的收入。这些收入要比单纯的话费收入高很多。移动运营商还有机会成为 ISP，移动网络将来基于 IP 技术建立 UMTS（第三代移动通信技术），运营商将拥有一个管道提供内容服务，那时运营商将在价值链的位置上移。

9．移动服务提供商

在欧洲的许多国家，移动服务提供商作为中间人，提供更快的市场营销，销售更多的移动电话合同和终端，这些服务提供商与客户建立合同和收费关系，但是他们自己并不拥有移动通信基础设施，他们通常以 20%～25%的折价买到这些服务，然后再打着自己的品牌出售。现在这些服务提供商的作用正在减小，一些有价值的服务供应商也被大的电信运营商所购买，如：Talkline 被丹麦电信购买，Debitel 被瑞士电信购买，这使得这些运营商不用铺设昂贵的基础设施，就得到了新的用户基础。

10．手持设备制造商

在移动商务中，手持设备制造商是将新设备推向市场的瓶颈，他们不仅要支持 SIM 工具包，还要支持 WAP，GPRS 和 W-CDMA。创新的周期在不断变短。巨大的移动商务在合适的用户终端广泛地被采用之前不会成气候，手持设备制造商必须开发一系列产品，因为将来的应用会需要不同的功能。他们需要专为各种功能制造优化的产品：下载和听音乐、看视频影像、计算、玩游戏、管理个人生活，等等。

11. 客户

对消费者市场来说，移动商务完全是一种新的体验。这些客户来说，以前移动电话的主要用途是打电话或者收发短信息。据 Nokia 对移动增值服务的研究，移动商务的主要的目标市场是：青少年（18 岁以下）；学生（19～25 岁）；年轻商人（25～36 岁）。

对企业市场来说，主要有三种类型的组织会对移动商务有明显的需求：销售驱动的组织（如制造型企业和银行）；服务驱动组织（如咨询公司）；后勤驱动型组织（如出租车公司或者急件服务）。根据他们不同的市场细分，他们可能会使用特殊的移动商务服务，如：CRM、运输管理，将移动设备与公司的 ERP 系统整合。

7.3.2　移动商务价值链的六个环节

从商业和技术两个重要层面来看，移动商务的价值链主要包括下面六个环节：

1. 通信承载环节

提供基础设施的维护与运营，在应用服务提供和终端用户之间建立基本的信息、数据沟通桥梁。在这个环节上，移动运营商扮演着非常重要的角色。

2. 基础服务环节

主要包括服务器托管、系统集成等基础服务，该环节是移动电子商务发展的重要增值环节，它可以在很大程度上通过规模经济效应实现巨大的成本节约。

3. 交易支持环节

主要指计费、安全认证、支付等支持交易发生的各种支持机制，其中不仅包括直接的支付支持，而且还包括相应的客户奖励机制等。

4. 服务实现环节

主要指从有线互联网内容转化为无线互联网内容的转换技术，重点是技术解决方案环节，因为基于有线互联网的电子商务是基于无线互联网的移动商务的基础，所以有线互联网电子商务信息和数据向无线互联网的转换将成为移动商务发展不可或缺的一个环节。

5. 个性支持环节

这是移动商务发展的重要特色之所在。由于移动终端对信息的处理在某种程度上存在一定程度的缺陷，因此移动电子商务所必需的个人信息（如用户身份信息、地理位置信息、账单信息，甚至用户所使用的移动终端本身的信息），其处理方式必须通过更加便捷的方式来实现，这个环节不仅需要商业上的创新和设计技巧，而且还需要技术上的巧妙支持。

6. 应用服务环节

这是移动商务中的一个实质性环节，相应的应用服务不仅包括目前有线互联网所能够提供的各种服务（如电子银行、电子邮件、旅行服务），而且包括各种全新的服务，如提供离用户当前位置最近的咖啡店的信息、提供离用户当前位置最近的朋友的信息、随时随地向用户提供所选股票的成交提示和预警提示等。

上述六个环节中的任何一个都将成为移动商务发展的重要推动力量或制约因素。从中国的实际情况来看，各个环节都有了一定程度的发展，但是由于通信承载环节在很大程度上受制于信息基础设施的建设，因此移动商务发展的切入模式必须与当前各个环节的发展状况紧密结合。实际上，从商业运作的具体模式来讲，上述的六个环节并不会孤立的存在，往往相互之间会紧密结合起来，或者其中两个，或者其中三个，但是这种结合必须在充分利用公司相应资源的基础上实现相互之间的协同效应，从而创造更大的发展空间。

7.3.3 移动网络运营商的角色分析

在移动商务的各个参与者中，移动网络运营商维护着移动用户的个人数据，能很方便地得到用户的位置信息，同时也为用户建立了各种计费手段。其拥有的客户资源使它拥有用户的所有权和连接权，其他环节的企业不得不通过移动网络运营商向用户提供服务，因此，移动网络运营商在模型中自然处于主导地位。

移动网络运营商在移动商务中可以有多种角色：

1. 提供无线网络服务

移动运营商可以只提供网络基础设备并让消费者直接联系各种内容、服务提供商或门户，此时移动运营商的收入来自其向消费者提供的无线连接。在此基础上，移动网络运营商可以提供 WAP 网关服务，还可以作为移动门户、中介或可信任的第三方为企业或个人提供服务。

2. 扮演门户的角色

可以引导用户定位合适的服务提供商，同时可以让内容提供商找到用户。因为拥有丰富的客户资源，移动网络运营商比其他门户拥有更多的优势，因此向用户提供移动门户服务是非常自然的。换句话说，运营商可以作为提供商的前台终端直接向用户提供内容和服务。在这种情况下移动用户可以从服务质量和资费的角度选择提供商。运营商与内容或服务提供商达成一定的协议并获得盈利。

3．提供中介和可信任的第三方角色

移动网络运营商还可以在移动商务中扮演更积极的角色，不仅提供移动门户提供的所有服务，而且提供如下附加服务：

（1）提供捆绑服务，即以折扣的形式向用户提供由不同供应商提供的商品或服务的组合。

（2）扮演银行前台终端的角色，用户直接向运营商支付的同时，运营商在用户对商品或服务不满意时也有义务向其退还支付。

（3）向提供商提供安全和支付服务。

（4）扮演可信任的第三方。用户可能希望从不同的提供商处购买多种商品，移动网络运营商可以帮助他们完成这种操作。在这种情况下，需要在运营商和用户之间建立一种信任关系。

综上所述，移动网络运营商是移动商务价值链的核心，为整个交易提供实现的平台，为传统制造商及消费者之外的第三方服务机构提供了参与商务活动的契机。

7.4　移动应用基础设施的支撑者

为了开发移动解决方案，大型公司必须首先建设好基础设施。基础设施由一些不同类型且相互关联的部分组成。图 7-1 描述了这几类不同的组成部分，用产业术语来说就是——构成一个典型的移动基础设施的支撑者。我们相信这样的分类将使读者对移动应用基础设施的市场现状和未来发展有一个很清晰的把握。

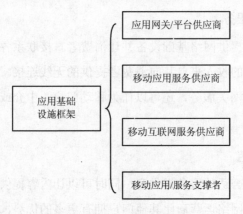

图 7-1　应用基础设施框架

7.4.1　应用网关/平台的供应商

移动应用服务器、移动性平台或移动应用网关是一些能够屏蔽底层技术的复杂性、能加速创新解决方案开发的全面综合性平台，这些平台能够依照它们所针对客户的不同——运营商和企业，进行进一步分类。

1. 运营商类

随着语音和数据网技术的融合，通信服务供应商（CSP）——包括无线和有线运营商、接入和宽带供应商——都在寻求一种标准平台，在满足消费者和商业用户需求变化和增长的同时，能提供范围广泛的应用。运营商类移动平台为 CSP 提供了完整的通信、个性化生产和商业应用的解决方案。如 Comverse、Infospace 和 Openwave，这些公司都提供运营商类的平台。

2. 企业类

企业类的移动平台为企业提供了利用企业现有的 Web 基础设施投资的契机。它们使企业能够将企业基于 Web 的内容和应用加以延伸，伸展到企业的移动用户、雇员、供应商和商业分支机构上。诸如 724 Solution、Everypath、Brience、JP Moblie 和 Viafone 这些数量日益庞大的厂家都提供企业类的解决方案，将企业内部的事务应用和外部移动世界相连接。

7.4.2　移动应用服务供应商

移动应用服务提供商（MASP）帮助企业信息技术部门将互联网应用拓展到移动设备上。许多企业都已经或者正在进行大规模的投资来建设它们的应用基础设施，这些企业现在所必须面临的挑战是如何将它们现有的系统与可能出现的成百上千种的移动设备、应用软件和连接方面的选项与组合进行整合统一。MASP 提供涉及范围非常广泛的设备和应用软件方面的支持，帮助它们的客户避免为了满足特殊设备的要求而重新构造企业的应用程序。MASP 提供的软件和服务将帮助它们的客户应对为了将桌面应用延伸到员工、客户和企业合作伙伴而产生的错综复杂的挑战。

移动服务供应商是处于变化越来越多、越来越错综复杂的技术环境和那些正在寻求实施移动战略的企业之间的中间人。将任务外包给 MASP 可以将企业 IT 部门的员工解放出来，专心去做那些与企业核心竞争力相关的任务，而不是将注意力集中在如何在一个标准经常变化的基础上去实施某项技术。这样，企业就可以避免在人员的培训雇佣和设备方面做额外的投资，同时也避免了与之相关的维护和升级费用。企业可以租用 MASP 提供的模板，或者实际上往往是使用 MASP 提供的整个或部分的移动解决方案。

主机托管是 MASP 提供的核心业务，主机托管业务包括核心业务和增值业务。核心业务为移动接续、移动数据业务的访问和安全可靠的网络运行提供一个可升级的中间件解决方案；而增值业务则包括了客户支持、客户服务和客户满意。

公司引进任何一项移动应用都会带来前所未有的技术挑战。一个重要的挑战就是如何来解决因为操作系统、传输协议、终端用户设备的编制不同而造成的不兼容问题。所以我们常常建议那些正在考虑部署移动数据战略的企业，应该至少考虑清楚在表 7-1 中所列的事项。

表 7-1　移动数据执行事项

技　　术	要　点　事　项
移动运营商的管理	协商合同、多重付费、电信基础设施的连通性
移动数据的支持（电路交换或包交换）	地区覆盖、传输时间的定价、多种传输媒介、设备/调制解调器的可用性、速度、协同工作的能力、漫游成本
移动安全性和网络管理	安全监视、无线网关、接口服务器和网络连接
终端用户的设备支持	适用性问题、处理能力、电池寿命
终端用户的支持	用无线应用软件、设备、网络以及运营商间的合作关系去解决用户的问题
增长途径和技术老化	在对现有系统不造成影响的情况下，根据需要继承新设备与无线网络

7.4.3　移动互联网服务供应商

移动互联网服务供应商（MISP）为用户提供无线互联网接入，所以他们是新兴的无线应用基础设施中的关键组成部分。MISP 包括诸如 AT&T、Sprint 和 Verizon 公司这样的网络运营商，也包括诸如 Palm.net、GoAmerica、Omnisky 这样的自己没有网络、单纯提供服务的公司。无论移动用户身在何地，这些公司都会为用户提供不间断的无线互联网访问或者公司内部网络的访问。

MISP 所关注的是要让用户的无线体验更加有用、更加可靠和更有生产效能。他们通过能提供内容广泛的移动互联网体验，且使用简单的业务来实现这一点。典型的 MISP 业务包括：发送和接受公司电子邮件、即时消息、互联网浏览、访问专为移动设备进行优化后的互联网内容以及提供安全的移动商务交易操作。

随着移动数据产业的标准被普遍采用，新供应商更加容易进入市场，也使得现有的竞争者更加容易开发出新的业务来挑战市场上的主导企业，从而使移动 ISP 市场上的竞争日渐激烈。

7.4.4　移动基础设施支撑者

有三种类型的移动基础设施支撑者：

（1）开发支撑者，包括系统集成商和咨询顾问。

（2）内容支撑者，包括专门为移动平台开发设计内容，如游戏和微缩内容。

（3）应用支撑者，包括同步软件供应商、安全软件供应商和内容供应商。

这里主要讨论应用支撑者，技术平台是应用成功实现其功能的先决条件。具体来说，有两类主要的应用支撑：同步和嵌入式数据库。

1．同步

同步就是要将两套不同的数据处理成一致的。同步问题的解决对移动离线而言是至关重要的，因为用户只有在"需要时"才连接到互联网上，而不是总保持连接状态。商业上非常迫切需要解决数据的同步问题。从近期来看，同步技术必须要能解决日益增多的设备、数据存储、信息种类和传输媒介/网络之间的同步问题，而下一代的同步技术必须要对防火墙以内和以外的企业信息流都能够进行管理。同时，也越来越要求同步软件厂家要能为业务用户之间提供安全、可鉴别的关键业务商业信息的传送。

在用户离开办公桌后仍要能对企业应用软件进行访问，此时数据同步具有新的重要性。在这种情况下，同步解决方案将提供数据翻译、数据映射、数据表示、会话和信息安全管理等功能。随着这些功能的实现，诸如移动应用服务器这样面向企业的移动数据解决方案，与下一代同步解决方案之间的界线开始变得模糊。

2．嵌入式数据库

随着移动用户逐渐从单一的移动应用转变到多种复杂的移动应用时，他们将要求更多的本地计算功能。这表明了在便携设备上承载本地数据库的必要性。对数据库的要求包括：

（1）能与服务器级的数据库保持同步。

（2）能提供离线操作支持，从而当蜂窝网络发生不可避免的"不在服务区范围"的中断时，所造成的影响能够降低到最小。

（3）为组织内部和组织之间具有成本效益的标准化对等通信提供互联网和同步支持。

（4）为终端用户提供有用的"历史"信息和企业信息的数据库支持。

移动数据库市场是相当大的。移动互联网的新特性使得移动基础设施软件的发展空间无可限量。这些特性包括网络的开放性接入、标准的欠缺、内容的多用途性、数据的时延问题、网络性能的不均衡性和不可预知性，以及被网络所连接在一起的用户群体的类型众多和各具特色。

这些特征反映出了应用软件市场正处于幼年期，但这个市场将以飞快的速度成熟起来。在任何一个日新月异的市场中，只有各种因素都发展到位，才能创造出一个爆炸性的成长期，但要将所有这些因素挑选出来实在是件令人生畏的事情。要正确设计出移动基础设施的发展道路，必须要对现有企业的利益及其权衡折中方案有透彻的了解，而且还要能对即将发生的革新和兼并重组有着敏锐的预知。

为了使企业能融入到移动经济中来，必须建立起应用基础设施，来开发、部署和利用这些处理流程上的创新。例如，客户在对产品进行订购、跟踪和支付之前，必须能够不费力气地与企业的应用软件打交道。类似的，为了获得最佳的效率，企业必须能使它的员工随时随地都能访问到企业数据，这就需要使用基础设施中不同的要素部分的合力来共同实现所有的移动战略目标。

 小结

本章讨论了移动商务管理的基本理论方法，介绍了移动商务的定义和特点以及发展趋势；探讨了重点移动商务的商业模式，分析了其参与者，说明了主要的实用商业模式；阐述了移动商务价值链的构成，以及移动商务的应用基础设施框架。

 习题

1. 什么是移动商务？移动商务有哪些优缺点？
2. 结合实际讨论移动商务的发展趋势。
3. 移动商务商业模式有哪些参与者？
4. 举例说明移动商务的主要商业模式。
5. 移动商务的价值链有哪些部分组成？
6. 简要说明移动商务的应用基础设施框架。

第**8**章 移动位置管理

传输信息的方式有两种情况：无线传输与有线传输。由于在运动状态下采用有线传输方式很不方便，因此须考虑运动状态或运动模型情况下的移动决策问题。本章讨论服务器端的移动决策，即移动位置管理问题。

8.1　基于移动模型的位置管理

8.1.1　移动模型的必要性

运动状态或运动模型对信息接入有着直接的影响。如在移动通信中，运动物体的速度直接影响其信号的接收（即多普勒效应）。因此，有必要根据个体的运动模型或运动状态来讨论移动个体的位置管理（Location Management）和切换管理（Hand-over Management）。位置管理就是移动交换中心（Mobile Switch Center，MSC）要求实时掌握运动个体的位置状态，包括个体的位置登记、位置更新、区域更新等，而这些参数是和运动对象的运动状态或运动模型密切相关的。切换管理就是要求移动对象在跨区过程中保证通信的连续性，这同样与个体的运动模型息息相关。

位置管理的首要任务是提供必要的信息，使呼叫能路由到移动终端。首先，它必须是对用户透明的，这样，用户才不会察觉到位置管理过程，也不需要因为其移动性而作任何特殊操作。其次，它对网络的影响必须很小。此外，位置管理方案必须提供查找移动终端位置的工具，允许终端在不同区域之间漫游。

8.1.2　移动模型进展

移动模型、资源分配、转接和位置管理是各种无线网络技术测试中的重要环节。一般地，移动模型取决于速度、方向，或者移动用户的运动历史。用于描述用户群体或单个运动的各种移动模型的分类如图 8-1 所示。

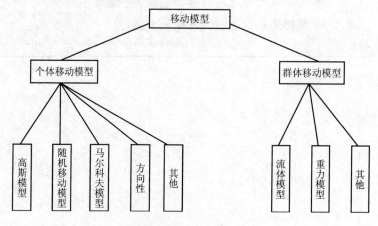

图 8-1　移动模型的分类

1．群体移动模型

1）流体模型

流体模型描述用户的宏观运动特性，将大量用户在蜂窝间的移动建模为液体的流动。对用户个体而言，其运动服从随机分布，即平均速度为 v，运动方向在 $[0,2\pi]$ 上服从均匀分布。用户均匀分布在整个系统中，密度为 ρ，蜂窝边界长度为 L。所以单位时间内用户跨越蜂窝边界的次数 C 为

$$C=\rho vL/\pi \tag{8-1}$$

该模型精度取决于用户的数量，用户数量越大越精确。该模型适用于蜂窝网络的规划，例如：信道数分配、切换数预测等。

2）重力模型

重力模型来源于交通科学领域，也是从宏观上描述用户的运动特性。重力模型

$$T_{ij}=K_{ij}P_iP_j \tag{8-2}$$

$$K_{ij}=1/R_{ij} \tag{8-3}$$

其中，T_{ij} 为蜂窝 i 移动到蜂窝 j 的用户数，P_i 为蜂窝 i 中的用户数，R_{ij} 为 i 和 j 之间的距离，系数 K_{ij} 与距离成反比。通过 K_{ij} 的数值，可以描述用户在不同蜂窝间的规则运动特性，体现为不同蜂窝的"吸引"程度。

该模型可用于移动性业务分析。

2．个体移动模型

1）方向性模型

方向性模型是通过用户在蜂窝间的转移概率来反映个体的运动特性。在正六边形蜂窝中，一定运动方向的用户向相邻 6 个蜂窝移动的概率：运动方向向上的概率为 $ma/(5+a)$；运动方向指向其他 5 个蜂窝的概率为 $m/(5+a)$。

其中，m 为离开蜂窝的概率，a 为方向因子。a 越大，方向性越强，运动的规则性越好；当 $a=1$ 时，为等方向运动，用户向相邻蜂窝转移的概率相同，运动的随机性最大。

该模型利用蜂窝间不同的转移概率，巧妙地描述了单个用户的运动特性，模型简单实用，但适用范围较小。

2）马尔可夫模型

是应用广泛的移动性模型之一，它从蜂窝级的角度来描述用户的运动。对于有 N 个蜂窝的系统，建立用户的状态转移矩阵

$$\boldsymbol{P}=[p_{ij}]_{N\times N} \tag{8-4}$$

其中，p_{ij} 代表用户从蜂窝 i 转移到蜂窝 j 的概率，满足

$$0 \leqslant p_{ij} \leqslant 1, \quad \sum_{j=1}^{N} p_{ij} = 1 (i,j=1,2,3,\cdots,N), \quad p_{ii}=0 \ (i=1,2,3,\cdots,N)$$

用户当前所在的蜂窝由转移概率矩阵和前一所在蜂窝确定。该模型可以分为连续时间马尔可夫模型和离散时间马尔可夫模型。

3）随机移动模型

该模型主要用来描述个体的移动行为。当移动用户离开某一小区时，将以等概率移动到相邻的小区。一般来说，此概率为相邻小区个数的倒数。对于一维直线运动模型，概率为 1/2。对两维运动蜂窝模型来说，向每个方向移动的概率均为 1/6。该模型为马尔可夫模型的特殊情况。

8.1.3　位置区的优化设计

动态 LA（Location Area）管理策略的核心思想是为每个移动用户设定特定的位置区，以适应各自不同的传输情况和移动模型，这也正是现代 PCS 网络中追求个性化服务的需要。模型中所有的参数动态的改变以适应每一个用户的运动情况，因此可以改善整个网络利用状况。

这里可采用高斯-马尔可夫模型作为 PCS 网络中的移动用户的运动模型，因为它能及时地捕捉到移动用户速度相关联的本质特征。更重要的是，它能通过调整模型中的参数来表示较广类型的用户移动模型。

在现有的 PCS 网络中，当一个移动终端呼叫到达时，系统总是试图使用移动终端的现有登记记录在一组相关的基站（BS）中寻找该移动终端。这个寻找过程就叫做寻呼，同时寻呼过程中搜寻过的这组基站就是一个位置区（LA）。位置区是一组小区的集合，设置位置区的作用是使移动交换机（MSC）能及时知道 MS（移动站）的位置，从而在 MS 作为被叫时准确、快速地找到该 MS。在每一个位置区的边界处，移动终端都要通过发送消息告知网络它的新位置并更新位置数据库。

PCS 网络结构中的 LA 管理分为位置更新与寻呼策略两部分。在实际制定策略的过程中，有静态与动态两种方法，早期业务量不大的情况下基本是用静态的思想。静态策略主要是指在 LA 边界是固定的，并且呼叫到达时需呼叫的蜂窝也是不变的这个前提下采用的策略，是基于区域和位置区轮廓的。目前大多数位置管理策略为动态策略，即 LA 的大小不是预先设定好的，而是根据制定策略的一定规则来实时确定位置区的蜂窝数。

已有的动态策略有基于时间的、运动的、距离的和状态的。无论采用何种策略，设计时总有一个共同的目标：使寻呼和更新的总开销最小。

一个移动用户的运动速度为 V，蜂窝区域为 L_c，呼叫到达满足泊松分布 $P(\lambda)$。每次位置登记时的信令开销为 P_r，每次呼叫时的信令开销为 P_c，位置区域 LA，T 为移动时间。

于是位置登记开销 C_r 满足

$$C_r = P_r TV / \text{LA} \tag{8-5}$$

呼叫开销满足

$$C_c = P_c \lambda T \, \text{LA} / Lc \tag{8-6}$$

总开销

$$C = C_r + C_c = P_r TV / \text{LA} + P_c \lambda T \, \text{LA}/L_c \tag{8-7}$$

于是最优位置区域满足

$$\text{LA} = \sqrt{P_r V L_c / P_c \lambda} \tag{8-8}$$

从上式可以看出，对于不同的运动速度 V，位置区的设定也会随之动态改变。根据用户不同属性设计相应合理、经济的位置区，从而优化整个网络条件，是 PCS 网络中个人化服务的主要目标。移动速度较快的用户相应位置区可以设定得大一些，反之运动较慢的用户则可以小一些，同时位置区的设计还受到用户喜好、移动方向、呼叫得到率等因素的影响，要进行综合考虑。图 8-2 是在完成移动模型建立与参数估计的基础上，针对移动用户个人位置区的优化的流程图，表述了在得到用户移动速度的基础上进行位置区优化管理的思想。

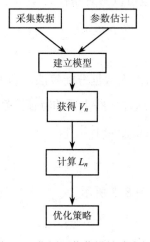

图 8-2　位置区优化设计流程图

8.2　基于移动日志的位置区域优化

8.2.1　移动日志

为了获得用户的移动形式，移动日志或访问位置注册（VLR）是必需的。用户的移动日志包括当注册发生时数据库中的一对数据（旧 VLR，新 VLR）。在一条新路径的开始阶段，旧 VLR 是空的。对每一个移动用户来说，可以从移动日志中获得一个移动序列

$$V= \{(O_1, N_1), (O_2, N_2),\ldots,(O_m, N_n)\} \tag{8-9}$$

其中：O_i 表示第 i 个旧 VLR，N_i 表示第 i 个新 VLR。考虑到 $N_i= O_i+1$，可以仅考虑移动序列 $V=\{N_1, N_2,\cdots, N_n\}$。因为移动通信系统拓扑网络中的每一个结点 N_i 可被看做一个 VLR，并且每条连接都可被看做 VLR 之间的连接。

根据用户的移动模式，可以假设 $G=(V,E)$ 是一条简单的曲线，而 $V=\{N_1, N_2,\cdots, N_n\}$ 是一个非空的点的集合，每一个点都没有自回路，$E=\{e_1, e_2,\cdots, e_m\}$ 是 V 中连接的集合。考虑到用户的移动方向，G 就是一个有向图 D。

对每一个移动用户，可以建立一个 $n×n$ 矩阵 $\boldsymbol{M}=(m_{ij})$。当 $m_{ij}=1$ 时，指从 N_i 到 N_j 存在一条弧，且 N_i 是尾 N_j 是头；$m_{ij}=0$，则从 N_i 到 N_j 没有弧。$\boldsymbol{M}$ 是一个 0、1 矩阵，但不是对称矩阵。从 N_i 到 N_j 存在一条弧，而从 N_j 到 N_i 不一定存在弧。根据矩阵 $\boldsymbol{M}$ 和它的幂 $\boldsymbol{M}^k =(m_{ij}^{(k)})$（$k=2,\cdots,n-1$），可以描述出用户的运动模式。

当 $k=2$ 时，$\boldsymbol{M}^2 =(m_{ij}^{(2)})$，$m_{ij}^{(2)}$ 表示从 N_i 到 N_j 的路径数等于 2 的所有情况，特别是当 $i=j$ 时，表示从 N_i 到 N_i 的路径数等于 2，或者说是结点 N_i 上循环路径数 L^2 等于 2 的所有情况。同样，利用 $\boldsymbol{M}^k$，也可以考虑路径数 L^k 等于 $k(k=3,\cdots,n-1)$ 的所有情况。

8.2.2　位置区域的分割

根据移动用户的运动模式为个人数据分配算法，利用图的邻接矩阵及其幂挖掘出关键点和一个循环的分支图。基于这样一些重要的特征，考虑到普通用户运动模式的周期，可以采用同构的方法将运动模式划分如下几种：

1．O 型循环

型如 "O" 的环形路径，如图 8-3 所示。

2．哑铃型循环

型如 "8" 或 "哑铃" 的环形路径，如图 8-4 所示。

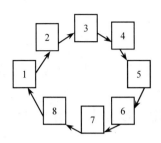

图 8-3　移动用户的 O 型模式

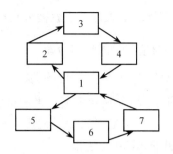

图 8-4　移动用户的哑铃型模式

3．花瓣型循环

如"花瓣"的环形路径，如图 8-5 所示。

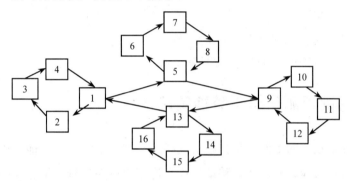

图 8-5　移动用户的花瓣型模式

4．混合型循环

混合的环形路径，即一个移动用户的运动模式在不同的时段中交替地为"O"、"8"和"花瓣"型。

8.2.3　挖掘模式的算法

可以在一个移动用户的图谱中寻找其关键结点，利用这些关键结点以及它的环形路径来决定一个移动用户的当前位置区域。寻找和分割的算法如下：

1．选择关键点

计算第 i 个结点 N_i（$i=1,2,\cdots,n$）的指数

$$I_i^{(1)} = \sum_{k=1}^{n} m_{ik} + \sum_{k=1}^{n} m_{ki} \tag{8-10}$$

其中 $I_i^{(1)}$（$i=1,2,\cdots,n$）表示从矩阵 $M^{(1)}$ 计算得来的第 i 个结点 N_i 的数据，将其按降序

排列，则候选的关键结点就被分别排定了。

2. 对前三种图进行分割

计算所有从 $M^{(k)}$ 得出的关键结点的环形路径的长度 $L_i^{(k)}$，指定 $\mathrm{LA}_i^{(k)}$ 为所有环形路径的长度 $L_i^{(k)}$ 所跨区域，考虑位置区域的两种情况：

（1）如果 $\mathrm{LA}_i^{(k)} \leqslant \mathrm{LA}$，从图中分割相应的环形路径，移动用户在分支图上或限定区域内不用向其 HLR 通报。

（2）如果 $\mathrm{LA}_i^{(k)} > \mathrm{LA}$，利用区域 LA 将图中相应的环形路径分割若干个分支。

3. 分割混合型图

在用户移动环形路径模式中发现最基本的模式是 O 型循环，混合型循环可由不同数目的 O 型循环结点合并而成。分割混合型循环的操作如下：

（1）将混合型循环分割成基本的 O 型循环。

（2）根据上述分割方法来分割 O 型循环图。

8.3　移动位置预测与缓存替换策略

随着无线网络技术的更新，手持移动设备越来越受欢迎，极大地促进了移动计算的发展。与传统的普通计算相比较，移动计算允许客户端在保持网络连接的情况下无约束地移动。用户无约束的移动以及能够确定他们所属地理位置的能力揭开了一项新的信息服务：位置相关信息服务（Location-Dependent Information Services，LDIS）。LDIS 对用户基于位置的询问产生一个结果，包括附近目标搜索（比如查找最近的饭店）和本地信息访问（比如本地交通状况、新闻和景点）。

在服务器掌握移动用户少量数据的情况下，可以采用一种用户移动位置的局部预测方法，以便进行位置管理与切换管理。考虑到无线应用环境的特点，结合位置相关信息数据的特征，在服务器端运用粗糙集理论，给移动用户提供一种更加准确、实用的移动缓存替换策略。

8.3.1　用户移动位置的局部预测方法

当对移动客户进行预测时，有两方面的要求。一方面，希望能够得到准确的信息，也就是要有小的预测误差。另一方面，要求花较少的时间进行预测，因为移动客户总是处于一种移动状态中。如果一次预测要花费很长的时间，经过一段时间后，移动客户已经处于一个不同的环境中，预测结果已经没有意义了。因此，需要有一种能够用于移动环境中的实时、准确的预测方法。用于预测的方法有很多，但是它们不能满足上述要求。

局部线性预测的方法已经用来解决很多方面的问题，包括人工智能、动态系统辨识、数据挖掘、交通预测等。它具有很多优点，如不需要大量的训练数据、动态的响应过程的变化、计算简单等。这些优点使它能够满足移动计算环境对预测的要求。

下面简要介绍局部多项式回归的基本框架。设 X、Y 是两个随机变量，两变量的数据点 (X_1,Y_1)，$\cdots$，(X_n,Y_n) 是母体 (X,Y) 的样本，它们是独立同分布的，一元的非参数回归模型可以表述为

$$Y = m(X) + \varepsilon \tag{8-11}$$

其中 X 和 ε 是独立的，且满足 $E(\varepsilon) = 0$，$\mathrm{var}(\varepsilon) = 1$。

局部多项式回归的目标是研究基于 $(X_1,Y_1),\cdots,(X_n,Y_n)$ 来估计回归函数 $m(x_0) = E(Y \mid X = x_0)$ 和它的导数 $m'(x_0)$，$m''(x_0)$，$\cdots$，$m^{(p)}(x_0)$。记 $\sigma^2(x_0)$ 是在 $X = x_0$ 时 Y 的条件方差，$f(\cdot)$ 是 X 的边际密度函数，即设计密度函数。

设 $m(x)$ 的 $(p+1)$ 阶导数在 x_0 存在，将未知的回归函数 $m(x)$ 局部近似看成一个 p 阶多项式，用 Taylor 公式在 x_0 的邻域内展开，得

$$m(x) \approx m(x_0) + m'(x_0)(x - x_0) \cdots \quad m^{(p)}(x_0)(x - x_0)^p / p! \tag{8-12}$$

通过加权最小二乘原则确定回归系数

$$\min\left\{ \sum_{i=1}^{n} \left(Y_i - \sum_{j=0}^{p} \beta_j (X_i - x_0)^j \right)^2 K\left(\frac{X_i - x_0}{h} \right) \right\} \tag{8-13}$$

其中，h 称为窗宽，它控制了局部邻域的大小。K 是对每个数据点分配权重的核函数。

若 $p=1$，即为使用最广泛的局部线性回归。用于移动用户位置的预测方法是在 $p=1$ 的基础上进行的。

8.3.2　移动位置缓存管理的系统模型

在无线环境中，移动用户受网络带宽、低通信质量、网络断接和本地资源等因素限制。因此，数据缓存技术被认为是改善系统性能的一种有效方法，可以从缓存的数据直接读取、使用，从而减少通信开销。客户端缓存管理有两个基本问题：

（1）缓存更新策略：保持客户端缓存与服务器端数据的一致性。

（2）缓存替换策略：在客户端没有足够的剩余空间存储新数据时决定哪些数据项被删除。

图 8-6 中描述了无线数据公布系统的架构。系统采用按需广播（On-demand

Broadcasts）数据，也就是客户端使用上行信道发送"拉"请求（Pull Requests）到服务器端（无线环境中按需广播的另一种方法是基于"推"的广播，基于预先编译的数据访问类型，周期性的广播一系列固定数据项。实际上，基于"推"的广播可以看作上行信道开销为 0，采用基于总的数据访问类型的调度策略的一种按需广播），然后服务器端采用调度算法使用广播信道公布所请求的数据项，客户端监听广播信道，找到自己感兴趣的数据项。

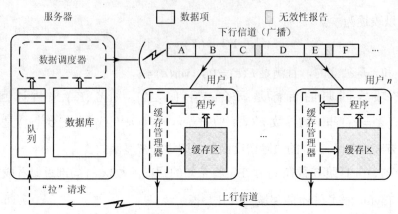

图 8-6　无线数据公布系统架构

　　如图 8-6 所示，在客户端有一缓存管理器，当位置服务应用程序在任何时候产生请求时，本地缓存管理器首先检查所需的数据是否在缓存中，假如请求数据在缓存数据中，缓存管理器仍须验证该数据项与服务器端数据项的一致性。为了验证数据项，缓存管理器必须取得服务器广播的下一个数据无效性报告（Invalidation Report，IR）。如果该数据项被确认为是最新的，就直接交给应用程序调用。如果数据项已经确认为陈旧或缺失、不完整，缓存管理器发送"拉"请求至服务器，服务器再调度、广播请求的数据。客户端监听广播信道，当所需数据到达无线信道，缓存管理器将数据交给应用程序并在缓存中作一个副本。若剩余缓存空间不足以存储新数据项的时候就产生了缓存替换问题。数据无效性报告保证了服务器客户端数据项的一致性。

　　在缓存替换时必须取得缓存数据的特征，比如，访问概率、数据占用存储空间大小等。在 PA 策略基础上，充分利用 RS 粗糙集基本理论方法的不可分辨关系，综合各因素的影响得出缓存数据特征，为缓存替换策略提供决策支持。

8.3.3　缓存替换策略

　　位置相关信息数据具有在空间上的特有属性：当用户移动到另一位置之后，查询的缓存数据（如最近的餐馆）可能变得无效。缓存替换策略必须考虑数据的区域有效范围，提高使用率。假如一个人在高速公路上驾车行驶，当他查询区域有效范围 5 km 内的医院，说明在一段时间内查询附近的医院都会返回相同的结果；但当区域有效范围为 500 m 时，一会儿后又会有另外的附近医院出现。另外，还必须区分数据项与数据项值的不同，数据项值是数据项在一定地理区域里的实例，比如，"附近的饭店"是一个数据项，数据项值（具体的饭店名称）在不同的位置查询的结果是不同的。

区域有效范围是指一项数据项值有效范围的几何区域。对于位置相关数据，区域有效范围在一定程度上体现了不同数据值的访问概率。如果数据的区域有效范围大，用户访问该数据的可能性就大。那是因为通常用户经过大区域的概率会比小区域大些。因此，好的缓存替换策略必须考虑该因素的影响。

在 PA 策略中，缓存数据的特征直接通过数据访问概率、有效范围的直接乘积而得到。访问概率通过一定时间对数据的访问次数跟踪而获得，有效范围可通过估计位置区域面积大小来获得。

不同位置相关数据的占用存储空间大小不一致，这是由于不同的数据对象的属性是不一样的。比如，道路交通和宾馆饭店的属性特征就有很大的差别。因此把数据占用存储空间的大小也作为一个缓存数据的特征。在引入 RS 方法后，充分利用数据访问概率、有效范围和数据大小等相关属性，从而得出更优的决策规则。

基于以上的分析，当有新数据要存储入缓存时，先判断剩余缓存空间是否足够。若足够则数据直接存储，否则必须删除利用率低的数据，直到剩余空间足够时才将新数据存储。缓存替换的数据应该是访问概率低、有效范围小和占用空间大的数据项。引入 RS 基本理论后，计算时，首先根据所有的缓存数据创建对象集合 U，访问概率、有效范围和占用空间等作为属性集合 A，构建成信息系统 I；再根据条件属性对信息系统进行分类，构造区分矩阵，进行属性约简，最后推导出每一类的决策规则。具体算法描述如下：

```
If New_Data_I then            // New_Data_I 为新的将要存储的数据 I
    If LeftSpace(Cache) < Size Of (New_Data_I) then
                        //缓存剩余空间不足情况
        Call GetSupportDegree( )
        Do while LeftSpace(Cache) < SizeOf(New_Data_I)
        Del DataItem with confirmed SupportDegree
                        //删除确定的决策规则的数据
        Loop
        SaveToCache(New_Data_I)    //空间足够后，存储新数据
    Else
        SaveToCache(New_Data_I)    //直接存储至缓存区
    End if
```

```
End if
Sub GetSupportDegree()//计算数据的决策规则度
        Create I
        Create D    //根据定义创建信息系统（I），选择相应的条件属性和决策属性
    Create_Differentiation_Matrix()    //由相关定义构造区分矩阵
        Property_Reduction()//由相关定义区分函数进行属性约简，求出最小属性集
        Classify() //根据最小属性集重新对信息系统进行分类
        Re_ Create_Differentiation_Matrix()    //对新的信息表构造区分矩阵
        Return each_SupportDegree //根据区分函数推导出每一项的决策规则并返回
End sub
```

作为实例，为了简化计算，选择 5 项数据，各个条件属性的值归为三个等级：A 访问概率——高 H、中 M、低 L；V 有效范围——大 L、中 M、小 S；S 数据大小——大 L、中 M、小 S。采用 D 是否替换作为决策属性。根据大量实际操作，创建的信息表如表 8-1 所示。

表 8-1　信　息　表

S 数据项	条件属性			决策属性
	A 访问概率	V 有效范围	S 数据大小	D 是否替换
D1	H	M	L	N
D2	L	S	S	N
D3	M	S	M	Y
D4	H	S	S	Y
D5	H	M	S	N

对应的区分矩阵如表 8-2 所示，其中 "×" 表示类别不可区分。从而得到区分函数：

$$f_{[C,D]}=(V\vee S)\wedge A\wedge(A\vee S)\wedge(A\wedge V)\wedge V=A\wedge V$$

表 8-2　区　分　矩　阵

数据项	D1	D2	D3	D4	D5	结果
D1	×	×	A∨V∨S	V∨S	×	V∨S
D2	×	×	A∧S	A	×	A
D3	A∨V∨S	A∨S	×	×	A∨V∨S	A∨S
D4	V∨S	A	×	×	V	A∧V
D5	×	×	A∨V∨S	V	×	V

进而属性约简，去除属性 S 数据大小的影响，剩下 A 访问概率和 V 有效范围因素，其中 D1 和 D5 各个属性一致，归为 D1 统一考虑，如表 8-3 所示。

表 8-3　属　性　约　简

S 数据项	条 件 属 性		决 策 属 性
	A 访问概率	V 有效范围	D 是否替换
D1	H	M	N
D2	L	S	N
D3	M	S	Y
D4	H	S	Y

再根据表 8-3 构造区分矩阵，如表 8-4 所示。

表 8-4　区分矩阵约简

数据项	D1	D2	D3	D4	结　果
D1	×	×	A∨V	A∨V	A∨V
D2	×	×	A	A	A
D3	A∨V	A	×	×	A
D4	A∨V	A	×	×	A

采用区分函数推导出每一类的决策规则，具体决策结果如下：

确定规则：

D1．D5：$(A，H) \wedge (V，M) \rightarrow (D，N)$

D2：　　　$(A，L) \rightarrow (D，N)$

D3：　　　$(A，M) \rightarrow (D，Y)$

可能的规则：

$$D4：\quad (A，H) \rightarrow (D，Y)$$

从而可以将确定规则中决策属性为 "Y" 的数据替换，即 D3。

　　本节结合位置相关信息数据的特殊性，利用粗糙集理论，在 PA 基础上，设计了一种缓存替换策略。由于移动客户端的存储能力有限，缓存替换策略的选择显得尤为重要。很多相关的研究把缓存数据的访问概率、有效范围等因素作为决策条件直接进行运算，而利用粗糙集的不可分辨关系找出各因素的内在联系，尤其适合对多种影响因素的处理，提高缓存数据命中率。

8.4　决策规则的信息度量

　　粗糙集理论是数据处理中一种强有力的工具，在不需要任何其他假设前提的情况下，可直接通过信息表进行推理，提取确定与可能的规则，为用户提供决策支持。由于在实际问题中，如信息查询、决策支持方面，用户常常要考虑提取规则的信息占信息表中信息的多少，因此有必要研究决策规则的信息度量问题。

8.4.1　信息表的信息度量

以评价轿车的信息系统（见表 8-5）为例来讨论信息表的信息度量、提取规则的信息度量问题。其中 F、P、S 分别代表耗油量（Fuel Consumption）、销售价格（Selling Price）和车身尺寸（Size），均为条件属性；M 表示市场占有能力（Marketability），为决策属性，N 为给定类型轿车的销售数量（Number）。

表 8-5 运用 3 个条件属性，1 个决策属性把 100 个对象分为 6 类：x_1，x_2，…，x_6。根据信息度量方法，计算出表 8-5 的信息熵

$$H_{ini}=H_{(表 8-5)}=-\sum_{i=1}^{6} p(x_i)\log_2 p(x_i)=2.065\ 38 \tag{8-14}$$

表 8-5　轿车的信息系统

ID	F	P	S	M	N
1	med.	med.	med.	poor	8
2	high	med.	large	poor	10
3	med.	low	large	poor	4
4	low	med.	med.	good	50
5	high	low	small	poor	8
6	med.	low	large	good	20

8.4.2　提取规则的信息度量

由信息度量的定义知，影响信息熵大小的关键在于分类的细度（粒度），因此，研究提取规则的信息度量的关键在于看它是否影响了对象的分类。对表 8-5 运用粗糙集理论给出如下决策规则。

确定的规则：

((F, med.)∧（P, med.）)∨(F, high)→(M, poor)

(F, low)→(M, good)

可能的规则：

(F, med.)∧（P, low）→(M, poor)

(F, med.)∧（P, low）→(M, good)

若把上述规则仍用信息表来表达，则如表 8-6 所示。

表 8-6　信 息 约 简

ID	F	P	M	N
1	med.	med.	poor	8
2	high		poor	10
3	med.	low	poor	4
4	low		good	50
5	high		poor	8
6	med.	low	good	20

表 8-6 与表 8-5 相比有以下不同的特点：

（1）条件属性 S 被约简，也就是说 S 是冗余的。

（2）对象 2 类与对象 5 类具有相同的条件属性与决策属性，因此决策规则中对象 2 类与对象 5 类被合并为一类；也就是说表 8-6 的分类粒度要比表 8-5 的要粗些。

表 8-6 可简化为表 8-7 所示。

表 8-7　聚　　　类

ID	F	P	M	N
1	med.	med.	poor	8
2+5	high	poor	10+8	
3	med.	low	poor	4
4	low	good	50	
6	med.	low	good	20

表 8-7 运用 2 个条件属性，1 个决策属性把 100 个对象分为 5 类，x_1，$x_{2.5}$，x_3，x_4，x_6，冉根据信息度量方法，计算出表 8-7 的信息熵为

$$H_{beh}=H_{（表 8-7）}=-\sum_{i=1}^{5} p(x_i)\log_2 p(x_i)=1.886\ 98 \tag{8-15}$$

对式（8-14）和式（8-15）结果分析可知，提取规则后的信息要比提取规则前的信息少 0.178 4，其原因是对对象的分类粒度粗了，表 8-7 中把第 2 类与第 5 类看做同一类。

📝 小结

本章讨论了移动位置管理。介绍了移动位置管理的定义，探讨了各种移动模型的分类，分析了移动用户的运动模式，提出了用户移动位置的局部预测和缓存管理策略，阐述了移动决策规则的信息度量方法。

习题

1. 什么是移动位置管理？结合实际讨论其必要性。

2. 简要讨论各种移动模型的分类，如何应用其来进行移动位置管理？

3. 什么是移动日志？如何用其来进行用户的运动模式描述？

4. 移动用户的运动模式有哪些？如何用其来决定移动用户的当前位置区域？

5. 举例说明如何进行用户移动位置的局部预测。

6. 举例说明如何进行用户移动位置的缓存管理。

7. 简要说明移动决策规则的信息度量方法。

第9章 移动环境与移动决策

学习重点

- 移动计算的定义及特点
- 移动计算的典型系统模型
- 移动决策环境的组成
- 移动决策过程的两种状态描述
- 移动决策支持系统的特点及框架

9.1　移动计算环境的框架

9.1.1　移动计算概念

在以网络为计算中心的时代，许多移动计算结点（如 PDA、Palm PC 和 Handset 等）已经可以在自由移动的过程中与网络保持连接。它们都配备以无线网络为主的移动联网设备，用来支持移动用户访问网络中的数据，从而满足人们能在任何时候、任何地点访问任何数据的需求，实现无约束自由通信和共享资源的目标。人们称这种更加灵活、复杂的分布计算环境为移动计算。

移动计算是一种新型的技术，它使得计算机或其他信息设备在没有与固定的物理连接设备相连的情况下能够传输数据。移动计算的作用在于，将有用、准确、及时的信息与中央信息系统相互作用，分担中央信息系统的计算压力，使有用、准确、及时的信息能提供给在任何时间、任何地点需要它的任何用户。

移动计算被认为是对未来最有影响的四大信息技术方向之一（其余为：网络基础设施、电子商务和软件重用）。它包括诸多研究领域，如移动数据库、移动通信、移动联网技术、无线 WWW 访问、移动硬件设备、无线客户机/服务器应用等方面。

9.1.2　移动计算的主要特点

移动计算环境与传统的通信、计算环境相比，具有许多鲜明的特点。

1．计算平台的移动性

在移动计算环境中，移动计算机不仅可以在不同的地方连接网络，而且可以在移动的同时与网络保持连接。它可以在无线通信单元内及单元间自由移动，通过移动通信网络与固定结点或其他移动结点相连，完成各种与在固定网络中相同的功能。

2．连接的频繁断接性

移动计算机在移动过程中，由于受使用方式、电源、无线通信费用、网络条件等因素的限制，与固定网络之间经常处于主动或被动的断接状态。

3．网络条件的多样性

移动计算机的移动性使得不同的时间和地点可用的网络条件（如网络带宽、通信代价、网络延迟以及服务质量）是十分悬殊的。移动计算机既可以联入高带宽的固定网络中，也可以工作在低带宽的无线广域网中，甚至是无网络可用（处于断接状态）。

4．网络通信带宽的限制

主要是无线资源的有限性和网络通信的非对称性。网络通信的非对称性是指服务器到移动计算机（下行线路）的通信带宽和代价远远大于移动计算机到服务器（上行线路）所消耗的资源。

5．系统的安全性和可靠性

无线网络与固定网络相比，可靠性较低，更容易受到干扰而出现网络故障；此外，移动计算机由于其便携性和工作环境的多变性，也带来潜在的不可靠因素，如碰撞、磁场干扰等。

6．系统的高伸缩性

许多移动应用环境，都要求系统同时支持大量的移动用户并发访问，这就要求移动计算系统必须具有比传统客户/服务器及分布式系统高得多的可伸缩性。

7．电池能源的限制性

移动计算机缺乏固定的电力能源，主要依靠电池供电，经常使之处于断接状态。这些特殊性使得移动环境中信息的处理、传输等问题，较之有线网络要复杂得多。

9.1.3　移动计算的典型系统模型

在移动计算环境中，系统的典型模型主要由三类结点组成。

1．服务器（Server，SVR）

一般为固定结点，用于存储大量信息，每个服务器维护一个本地数据库（Local Database，LDB），服务器之间由可靠的高速互联网络连接在一起。服务器可以处理客户的联机请求，并可以保存所有请求的历史记录。

2．移动支持结点（Mobile Support Station，MSS）

MSS 也位于高速网络中，并且有无线联网能力。每一个 MSS 用于支持一个无线网络单元（Cell），该单元内的移动客户机既可以通过无线链路与一个 MSS 通信，从而与整个固定网络（Fixed Network）通信，也可以接收由 MSS 发送的广播信息。服务器与 MSS 可以是同一台机器。

3．移动客户机（Mobile Client，MC）

MC 用于客户的日常操作处理和移动通信，它的处理能力与存储能力相对于服务器来说是非常有限的，且具有移动性（即可以出现在任意一个无线网络单元中），经常与服务器处在断接状态（即 MC 无法与服务器联机通信）。即使在与服务器保持连接时，由于 MC 所处的网络环境（即当时可用的无线网络单元）是多变的，MC 与服务器之间的网络带宽相差很大，因此 MC 的可靠性较低、网络延迟较大。

9.2　移动决策环境描述

在上述移动计算环境的基础上，移动决策环境应由四个部分组成：移动终端、网络、数据资源、规则与决策生成。以下分别进行讨论。

9.2.1　移动终端

移动终端（Mobile Terminal，MT）一般由三部分组成：移动通信终端、移动工具和智能体。这三部分可以合二为一或合三为一。移动通信终端和移动工具可以合二为一，如带有通信装置的交通工具等。而内置有通信装置的机器人就可以视为合三为一的一个实例。移动客户机 MC 具有通信终端、移动工具和存储计算的功能，在此基础上可把移动终端定义为具有一定通信能力、移动能力和决策能力的智能体，这里强调移动终端的决策能力。

9.2.2　网络

连接移动决策环境各部分的重要工具就是网络。该网络包括两大部分：通信网络与交通网络。通信网络与移动计算环境中的通信网络无区别。考虑到移动终端不但是通信网络的通信终端，同时还是交通网络的移动结点，因此在讨论移动终端的决策问题时要把通信网络与交通网络结合起来考虑。

9.2.3　数据资源

移动决策环境中的数据资源包括两部分：局部数据资源和中心数据资源。局部数据资源是指通信网络中局域网所具有的数据资源，也称为局部数据库，与移动计算环境中的本地数据库 LDB 相似。而中心数据资源是指通信网络中数据交换中心所具有的数据资源，也称为中心数据库。相当于移动计算环境中固定网络中的数据交换中心。

9.2.4　规则与决策生成

决策生成是移动决策环境的核心部分，也是不同于移动计算环境的关键部分。其作用就是根据当前状态（移动模型），运用网络与数据资源（数据处理与传输），为下一状态提供决策支持。规则与决策生成包括两部分：移动终端处的决策生成和中心服务器端的决策生成，为讨论方便，这里仅考虑移动终端处的决策生成问题。移动终端决策生成是网络、数据资源和移动终端计算能力的综合体现，其决策生成流程图如图 9-1 所示。

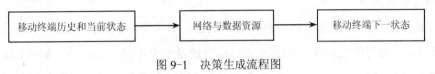

图 9-1　决策生成流程图

9.3　移动决策过程的状态描述

移动决策过程有两种重要的状态：一种是基于位置移动状态；另一种是基于无线蜂窝系统的通信状态。前一种状态与交通资源紧密相关；后一种则依赖于无线通信资源。

9.3.1　交通状态描述

在运输规划和交通工程领域中，交通模型用来描述和预测需求。大多数交通模型的建立是为了分析获取的交通行为及其与社会经济的关系，预测将来随着人口增长而面临的交通问题。这些预测是制定交通系统投资、城市规划和公共运输政策的基础。

交通模型的一个基本元素是路线。一条路线通常定义为从起点到终点经过的一条单向道路。路线有不同的分类，如工作、购物和回家路线等。

交通模型中另一个元素是交通区域。交通区域表示一个地理区域的空间结构。交通区域集合了位置、个体或群体要素，范围从几百平方米到几千平方米。区域的定义取决于交通研究的不同目的。

为叙述方便，结合通信与交通状态，给出一些符号和定义。

1．行程

通常定义为一个人从起点到目的地的一条路径的运动，用 T 来表示。

2．一个蜂窝的质心

定义为蜂窝中心的一点，并与街道网格相连。从一个蜂窝到另一个蜂窝的路径实际上定义为从一个质心到另一个质心的路径。

3．决策离散时间点

为方便起见，由质心来定义决策离散时间点，用 i $(i=1,2,\cdots,N)$ 来表示，N 是质心或蜂窝的总数。

4．状态空间

定义为一个移动用户所有状态的一组集合，并由 S 来表示，例如无线通信状态、运动状态和设备状态等。

为了简便起见，仅讨论通信状态和运动状态，第 i 个蜂窝（或质心）里的通信状态用 $b(i)$ 来表示，它可能是一个活动的状态，也可能是一个不活动的状态。第 i 个蜂窝六个方向的交通流用 $f(i)=(f(i_1),\ f(i_2),\ \cdots,\ f(i_6))^{\mathrm{T}}$ 来表示。为简单起见，假设在每个质心里每个方向上流入与流出相等。$b(i)$ 表示第 i 个蜂窝中保证处于通信的客户数，用向量 $b=(b(1),\ b(2),\ \cdots,\ b(N))^{\mathrm{T}}$ 来表示，矩阵 $F=(f(1),f(2),\cdots,f(N))$ 是 $6\times N$ 的矩阵。

5．决策（行为）集

一系列决策的集合，用 D 来表示。考虑到状态总是和一个蜂窝有关，那么一个决策就定义为下一步决定去哪个蜂窝。表示为 $d=(d(1),\ d(2),\ldots,d(N))^{\mathrm{T}}$，其中 $d(i)$ 代表第 i 个蜂窝的移动方向，有六种状态：南、东南、西南、北、东北、西北。

6．转换概率

定义为从某一个蜂窝到另一个的转换概率。P_{ij} 表示从第 i 个蜂窝到第 j 个蜂窝转换概率。为了方便，仅考虑一个蜂窝到它的周围环境的转变可能性。

7．一条路径

给出一个起点蜂窝和终点蜂窝，这条路径则由连接相关的质心来生成。路由信息（包括最短路径）由移动终端通过地理信息系统（GIS）导出。

8．增益函数

定义为在质心 i，采用决策 d 而产生的效益，用 $r(i,d)$ 来表示。增益分为信息增益和移动增益，分别用 $r_I(i,d)$，$r_M(i,d)$ 来表示。

9.3.2　通信状态描述

在固定信道分配（Fixed Channel Assignment，FCA）中每个蜂窝分配的信道数一直不变。系统中信道分配状态（系统通信状态）定义为各个信道的分配状态，而一个信道的分配状态是指正在使用该信道的所有蜂窝。描述系统通信状态的参数取决于信道分配方案的确定。最大包（Maximum Packet，MP）方案能够在接收到每一个呼叫请求时自动分配信道,静态信道分配方案 FCA 的占用单元根据系统通信状态而定。占用单元定义为：

$$n = \begin{pmatrix} n(1) \\ \vdots \\ n(N) \end{pmatrix} \tag{9-1}$$

其中，$n(i)$ 是蜂窝 i 中通信处于激活状态（Active State）的移动用户数，N 是蜂窝总数。此外，运用用户位置信息来分配信道将要求更多的参数才能定义系统通信状态，而瞬间的占用单元不足以描述系统状态。在这里着重关注占用单元就是系统通信状态的方案，所以在下文中占用单元都指系统通信状态。值得注意的是，通常以上概念适用于任何不分次序的信道分配方案。信道复用约束指定了相邻两个蜂窝如何使用同一信道而不互相影响。信道分配方案（Channel Assignment Schemes，CAS）的约束由一组线性不等式组成：

$$An \leqslant c \tag{9-2}$$

对于任一占用单元，当且仅当其满足式（9-2）时才有效。矩阵 A 和向量 c 描述了 CAS 的唯一性。矩阵 A 由信道复用 CAS 约束决定，向量 c 与总信道数成比例。

对于 FCA，当满足以下条件时系统状态有效

$$n(i) \leqslant \frac{m}{2}, \quad \forall i \in \{1, 2, \cdots, N\} \tag{9-3}$$

从而 A 和 c 的值为

$$A = \begin{pmatrix} 1 & & 0 \\ & \ddots & \\ 0 & & 1 \end{pmatrix}_{N \times N} \tag{9-4}$$

$$c = \frac{m}{2} J$$

其中

$$J = \begin{pmatrix} 1 \\ \vdots \\ 1 \end{pmatrix}_{N \times 1} \tag{9-5}$$

MP：对于 MP，当满足以下条件时

$$n(i) + n(i+1) \leqslant m, \quad \forall i \in \{1, 2, \cdots, N-1\} \tag{9-6}$$
$$n(C) + n(1) \leqslant m$$

系统状态有效，从而有

$$A = \begin{pmatrix} 1 & 1 & 0 & \cdots & 0 \\ 0 & 1 & 1 & \cdots & 0 \\ \vdots & & \ddots & & \vdots \\ 0 & 0 & \cdots & 1 & 1 \\ 1 & 0 & 0 & & 1 \end{pmatrix}_{N \times N} \tag{9-7}$$

$$c = mJ$$

9.4　决策支持系统的框架

9.4.1　决策支持系统简介

决策支持系统（DSS）于 20 世纪 70 年代初问世时，人们称它是"用于辅助决策的一种计算机化的系统"，并认为 DSS 主要用于支持单个决策者的管理决策活动。在 20 世纪 70 年代中期，DSS 研究者开始强调人机交互在 DSS 中的作用，当时并不强调支持决策的过程，而是着眼于利用快速开发出的工具和软件包支持决策者个人的决策计算。到了 20 世纪 70 年代末和 80 年代初，人们对 DSS 的认识演变为"利用适宜的和可能的技术改善管理决策和专业活动的有效性"，群决策支持系统的概念开始出现。20 世纪 80 年代中期，Elam 等人提出将 DSS 的概念发展为"利用智能技术和计算机技术支持重大决策中的创造性思维和判断推理"。当前，人们对 DSS 研究的焦点开始转移到"提供积极而灵活的支持能力"方面。这种类型的 DSS 以知识库为基础，促进对概念和思维的处理，以便发挥创造能力。从 DSS 的这些发展和演变中可以看出，DSS 的研究和应用已经从早期的解决结构化程度较少的问题到现今能够支持处理高度复杂的半结构化或非结构化的决策问题。已经从一般的"What if"支持发展到了高度复杂和智能化的支持水平，从主要支持个人决策的系统发展到了支持群体活动的系统和能够提供具有灵活支持能力的新体系 20 世纪 90 年代，随着数据库技术、数据挖掘技术的快速发展，尤其是粗糙集理论、神经网络技术等在数据挖掘、决策支持方面的应用，把 DSS 概念与设计方法提高一个新的高度。1996 年 Holsapple 和 Whinston 提出了为决策者提供知识集成的思想，使 DSS 朝着更加集成化、智能化的方向发展。2001 年 Courtney 从组织知识管理的角度探讨了 DSS 的决策机理，为 DSS 提出了一种新的决策模式。

随着无线通信技术的发展，尤其是移动通信技术的发展，DSS 从静态支持分析演变为对移动终端的动态决策支持。有学者在移动计算环境下采用代理技术，扩展 IDSS 为一个移动决策支持系统（MDSS），但没有考虑移动模式、无线通信状态和移动用户或终端的移动路径。当空间信息加入到 DSS 中时，空间信息管理就演变为空间决策支持系统（SDSS）。SDSS 需要 GIS 功能，由特殊的 DSS 构成，把数据分析和空间模型统一考虑，以解决非结构化的空间搜索问题，但也没有考虑移动用户的无线通信状态。

9.4.2　一般的决策过程

2001 年 James F. Courtney 指出，传统的决策过程（见图 9-2）应是从问题识别、问题定义、方案生成、模型建立、方案分析、方案选择、方案实现，再到问题识别的一个循环过程。由于决策支持系统是对半结构化和非结构化问题提供决策支持，是对决策者进行辅助，因此必须有人的参与，同时系统问题生成和求解过程中，必须通过知识系统获得帮助。一个人机交互系统，其基本构件必须包括人机交互界面、知识系统。

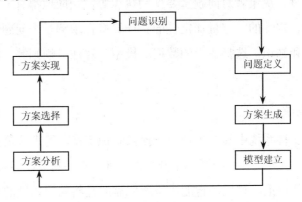

图 9-2　传统决策过程

9.4.3　一般决策支持系统框架

针对上述一般决策的过程，考虑到用户与计算机系统的接口以及用户的经验知识，决策支持系统应包括如下功能模块：人机交互模块、问题生成模块（包括图 9-2 中问题识别与定义）、问题求解模块（包括图 9-2 中方案生成、模型建立和方案分析）、问题评价模块（包括图 9-2 中方案选择与实现）、广义知识系统。

1．人机交互模块

人机交互模块实现决策者与计算机间的对话。计算机通过对话模块接受决策者的问题描述，而计算机则将问题生成结果、问题求解结果等上传给决策者。

2．问题生成模块

问题生成模块是将决策者的问题描述具体化。管理决策活动的最大特点之一是决策问题的复杂性和不确定性。为了给问题求解模块提供准确的求解信息，必须首先弄清决策者所提问题的准确含义。当决策者提出的是结构化问题时，可直接生成问题的描述框架；若是半结构化或非结构化问题时，则根据决策问题的环境条件，通过人机交互，将问题分解，对问题中的不确定因素用知识系统中的一阶谓词进行替换，最终将问题用定量化与定性化的确定因素表示。

3．问题求解模块

问题求解模块是借助知识系统中的模型和产生式规则等知识，求取问题的解。决策活动的另一特点是决策问题的多样性。对于决策问题的层次、决策目标、具体决策环境、约束条件、时间跨度、决策者对问题重要性的认识等，相应地都有一套具体的问题求解方法，包括定量的、定性的、定量加定性的。计算机在求解一个问题时，可充分运用知识系统提供的模型和知识，选择适当的数据、模型、算法、规则等，构成一个特定的问题求解过程。

4．广义知识系统

是为整个决策支持系统中其他各种模块提供知识支持。管理决策活动的又一特点是实现决策的智能化。决策支持系统是一个开放的系统，它不断吸收各类学科的最新成果，为各类问题提供智能决策。这里，智能决策所依靠的是将问题领域的相关事实、经验知识、表示模型的过程看作广义知识模式的知识系统。广义知识系统包括传统的数据库、模型库、方法库、知识库等内容。

9.5　移动决策支持系统

9.5.1　移动决策支持系统应具备的特点

移动计算环境具有移动性、断接性与弱可靠性、网络通信的非对称性与带宽多样性等特点。由于计算环境的移动性具有位置、时间相关性，使得建立在该环境之上的 DSS 中的数据库常常也是与位置、时间有关的，这要求无论是服务器端，还是移动客户端的 DSS 均应具有处理、挖掘位置数据库（空间数据库）、时间数据库，提取决策规则的能力；由于移动环境具有断接性与弱可靠性的特点，要求移动客户的 DSS 具有在不同通信状态下（断开或连接）进行推理、决策、预测的能力；由于移动计算环境具有网络通信的非对称性与带宽多样性，建立在该环境之上的 DSS 应制定相应的策略集或开销函数模型以决定移动客户（Mobile Client，MC）是运用本地的缓存数据，还是运用移动支持站点（Mobile Support Station，MSS）上的数据，或者是运用中心服务器（Center Server）的数据进行规则提取、决策支持。从模型抽象的角度来说，由于移动计算环境具有强自治（由移动性引起）、松耦合（由断接性与弱可靠性引起）、路径相关（由网络通信的非对称性与带宽多样性引起）等特点，要求建立在该移动环境之上的 DSS 必须融合这些新的特点。

9.5.2　移动数据服务体系结构

运用移动环境中的动态数据管理方法，可设计一个通用的系统体系结构。该体系结构包含中心服务器、本地服务器和用户（移动）设备。

中心服务器用来表示集中式数据的一个服务站点。对于中心服务器的中心信息数据库，包含了一个"推"单元来实现服务器的"推"策略，并发送指定的数据项给用户。由于下行信道比上行信道带宽大且比较便宜，"推"技术变得效率高。

本地服务器是蜂窝的数据管理器和无线信息服务器，为所在蜂窝的用户提供无线接入，同时充当中心服务器与移动设备间的桥梁。本地服务器是管理本地数据的中心，同时也是提供基于位置服务的重要角色。所有本地服务器通过固定网络连接到互联网，因此相对于无线链路来说，有线之间发送信息的延时几乎可以忽略不计。延时较小使得相邻本地服务器可以协同工作，以提供更好的基于位置的服务。本地服务器中的缓存和数据管理器维护从中心服务器和其他本地服务器接收的信息。本地服务器还配有一个地图数据库用来处理位置相关的请求。

众所周知，数据在决策中扮演重要角色。当移动客户与网络连接或断接情况下数据质量（QoD）的问题或叫决策支持质量。当使用数据支持移动决策时，必须把用户相关信息、技术相关信息和历史信息作为 QoD 的表示。其中描述了包括技术相关或操作系统相关的移动终端的移动状态：能量、连接性、安全、缓存、位置等；移动终端的用户相关或应用相关状态：用户决策算法、决策模型等；历史或时空数据状态：完整性、准确性、时间、空间等。

针对移动终端的基于移动的数据服务体系结构如图 9-3 所示。

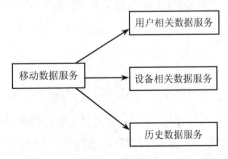

图 9-3　移动数据的服务体系结构

用户相关数据服务包括位置、道路、天气、宾馆等，设备相关数据服务包括能量、连接性、安全、缓存等，历史数据服务包括移动日志、请求记录、复制等。该服务体系结构为移动决策支持系统的基础。

9.5.3　移动决策支持系统框架

智能决策支持系统（IDSS）包含了数据仓库（DW）、在线分析处理（OLAP）、模型库（MB）、知识库（KB）和数据挖掘，是一个高层次的决策支持系统。尽管 IDSS 通过大量的决策制定数据和 DW 的信息来改善决策制定的速度和可靠性，但不能支持实时性、移动性（包括计算平台，访问资源）、网络适应性（包括经常断接、低可靠性、不对称通信）。根据上述基于移动的数据服务体系结构，提出以下移动决策支持体系结构（见图 9-4）。

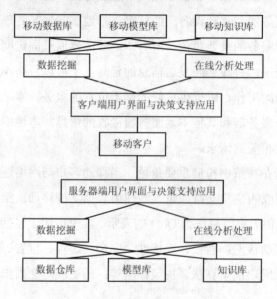

图 9-4　移动决策支持体系结构图

图 9-4 描述了移动客户的 MDSS 应用体系结构。移动客户的 MDSS 应用结构包括如下 3 部分。

1. MDSS 主平台

移动数据库（MDB）、移动模型库（MMB）、移动知识库（MKB）各自提供给移动终端的数据资源、模型资源（如随机行走模型、Markov 决策模型等）和方法资源（如案例、紧急操作等）。数据仓库、模型库（MB）、知识库（KB）各自提供给在本地服务器或全局服务器范围内的移动终端的数据资源、模型资源和方法资源。

2. MDSS 的数据分析和应用

数据挖掘（DM）、在线分析处理（OLAP）是用在移动终端和服务器的处理工具。处理结果（如规则）作为移动终端的决策制定的基础。DM 方法包括关于用户移动性的时间数据挖掘、空间数据挖掘和时空数据挖掘。

3．用户接口和 DSS 在移动终端的应用

用户接口互连了移动终端和本地服务器。用户无须关心数据从何而来（本地终端、本地服务器和全局服务器），只关心采取哪些决策方法就可以。移动终端的代理执行数据整合。该接口提供用户一个支持决策制定的交互环境。

9.6　移动决策支持系统应用

随着现代科技的迅速发展，各种人造系统的规模和结构日趋庞大和复杂，有些系统在为人类社会带来巨大利益的同时，其潜在的突发事件的破坏作用也比以往更强烈。在许多领域中，如减灾救灾、核能利用、航天计划、金融证券、军事领域、现代交通和国际关系等，时有重大突发事件产生。应付这类突发事件，需要迅速而恰当的决策和行为，稍有失误就会造成严重的损失和恶劣的影响。因此，围绕各种突发事件的预防、监测、预报、控制和救援的研究，已引起世界各国政府部门、学术团体和著名机构的高度重视，形成了一类特殊的决策问题——应急决策。大多数应急决策属于半结构或非结构的决策问题，十分需要计算机系统的辅助。事实上，基于计算机的应急辅助系统已在航空交通管理、紧急医疗服务以及电力系统控制等领域得到应用，国内外已有这方面的初步研究。但是，与大量有关决策和决策支持系统的研究相比，关于应急决策和应急决策支持系统的研究显得十分不足。

由于应急决策问题的不确定性、复杂性和时间紧迫性，决策者比常规决策时更依赖于计算机系统的辅助。要求应急决策支持系统比常规决策支持系统有更高的性能，主要包括响应快捷、交互简便、运行可靠。如何实现应急决策的上述特点，其中一个关键的技术就是移动决策支持系统。运用移动决策支持系统的相关成果，可以解决以下两个问题。

1．对突发事件快速反应、快速处理问题

要求基于地理信息辅助决策支持系统具有灵活性、快速性、应急支持等特点。

2．个体决策者在协同决策时常处于运动状态

这也要求设计的 GDSS 系统能够支持处于运动状态的个体或用户的决策。

9.6.1　基于地理信息应急物资保障移动决策支持系统

计算机网络技术、移动通信技术的广泛应用，为在应急情况下实施及时、精确的物

资保障目标提供了技术依据。应急物资保障移动决策支持系统依托计算机网络，建立应急物资保障数据库，运用运筹学理论（线性规划及运输论）和现代管理方法，建立应急物资保障模型库。利用地理信息技术，直观地掌握应急物资保障点的位置及其基本信息，确定应急保障的供应及运输方案等，运用移动通信技术，为应急物资保障提供快速、有效的决策。

地理信息系统（GIS）是一种为了获取、存储、检索、分析和显示地球表面及空间和地理分布有关的数据而建立起来的计算机化的数据库管理信息系统。地理信息系统是以地理空间数据库为基础，在计算机软、硬件环境的支持下，对空间相关数据采集、管理、操作、分析、模拟和显示，并采用地理模型分析方法，适时提供多种空间和动态的地理信息，为地理研究、综合评价、管理、定量分析和决策服务。

应急物资保障移动决策支持系统的目的是：为移动运输结点提供各物资保障点的位置及其基本信息，为应急物资保障系统的优化提供实时决策；对于在突发事件发生的情况下，移动运输结点根据区域物资保障点的实时状况，给出相应的调配策略。

设计应急物资保障决策支持系统是依据决策支持系统开发原则，运用基于位置的服务体系框架，构建移动终端、局部服务器和全局服务器系统的数据库系统，考虑到应急物资保障系统中的经典案例、应急方案，在建立全局服务上建立知识库，以达到基于案例的移动决策问题。

应急物资保障移动决策支持系统能够在原有物资保障决策支持系统的基础上，在应急情况下及时、准确地掌握物资的分布和库存情况，提高制定应急物资保障计划的准确性、及时性和科学性，进而提高应急物资保障的综合能力和快速反应能力。

9.6.2　移动群决策支持系统

群决策支持系统（GDSS）可应用于各种不同的决策群体，如委员会、检查团、专家工作组、应急指挥机构等。但是目前，群体间主要采用群件产品通信，如传真会议、电视电话会议等，此种方式导致协调通信慢、不易集成，非常不适应远程应急 GDSS 快速通信的要求。计算机网络技术特别是 Internet 技术在世界范围内的飞速发展，为异地远程应急 GDSS 提供了世界范围内的现成的网络环境，为异地远程应急 GDSS 中群体间实现快速通信提供了可靠的网络设施保障。基于移动通信的 GDSS 研究在国内和国外都属新的研究内容。基于移动通信的群决策技术能更有效地解决群成员分布远、非结构化问题多、决策环境复杂这类决策问题。在应急 GDSS 通信中实现异地方案快速传输是其中的一个重要内容，主要实现将各个分布于异地的决策者的应急方案快速传送至上一级决策指挥中心等功能。由于 Java 语言拥有网络编程、可移植性、安全性、跨平台、多线程等众多优势，故采用当前流行的面向对象编程语言之一的 Java 语言可以实现基于移动通信的远程应急 GDSS 方案传输系统。

移动 GDSS 设计的目的是：协同决策环境支持移动用户的参与。

移动 GDSS 设计的原则是：基于位置服务体系框架的基础上，在中心服务器上建立群决策支持环境、中心数据仓库、中心模型库和方法库，建立移动客户端个体决策支持环境以支持客户在移动过程中可同时参与群体的移动决策，提高 GDSS 的灵活性。

小结

本章讨论了移动环境与移动决策。介绍了移动计算的定义与主要特点，探讨了移动计算的典型系统模型，分析了移动决策环境的组成部分；提出了移动决策过程的两种状态描述，阐述了移动决策支持系统的特点及框架。

习题

1. 什么是移动计算？移动计算具有哪些主要特点？
2. 结合实际讨论移动计算的典型系统模型。
3. 移动决策环境由哪几部分组成？
4. 举例说明移动决策过程的两种状态描述。
5. 移动决策支持系统应具备哪些特点？
6. 简要说明移动决策支持系统的框架，并与一般决策支持系统作比较分析。

第四篇

物联网客户关系管理

第10章 客户关系管理概述

学习重点

- 客户关系管理的定义及内涵
- 客户关系管理对企业的积极作用
- 公共关系所具有的两重含义
- 客户关系管理的基本类型及其特征
- 客户价值分析方法和发掘过程
- 客户体验设计理论
- CRM软件系统的组成和业务功能

10.1　客户关系管理的定义与内涵

10.1.1　客户、关系和管理

1. 客户（Customer）

客户或顾客，指同企业（或商家）进行交易的个人或企业组织，客户包括现有客户，即过去或者正在和企业（或商家）进行交易的客户，也包括潜在客户，即今后有可能建立交易关系的客户，此外，还可能包括代理商、分销商、提供商等一些合作伙伴。

2. 关系（Relationship）

关系是指两个人或两组人之间相互的行为以及相互的感觉。关系发生在人以及由人构成的组织之间；包括行为和感觉两个方面，二者缺一不可；行为和感觉是相互的。关系中的难点就在于"感觉"，也可以说客户的"情感指数"。客户关系管理（CRM）中的关系可归纳为以下几点：

（1）关系有一个生命周期：关系建立、关系发展、关系维持以及关系破裂周期。

（2）企业在加强与客户的关系时，不要只考虑行为特性（物质因素），还要考虑另一个方面，即客户的感觉等非物质的情感因素，在如今买方市场环境下，这一点更不容被忽视。

（3）关系有时间跨度，好的感觉需要慢慢培养和积累。

（4）关系建立阶段，作为"追求方"的企业，即要求建立关系的一方，付出的比较多。关系稳定后企业才开始获得回报，但是，在这个阶段，企业最容易懈怠，以为大功告成，而忽略了维持关系的必要。

（5）如今是供过于求的买方市场，作为"被追求者"的客户一般是比较挑剔的，只要感觉不好，可能导致客户和市场流失。

3. 管理（Management）

管理的目的是为了能够最大限度的使得企业获利。无管理、混乱的管理，好比"守株待兔"，而良好的管理好比有意识的"撒网捕鱼"，甚至"筑塘养鱼"。Management 不单有"管理"的意思，还有"经营、维护"的含义。在 CRM 中 M 指对"客户关系"的"经营"或"维护"，也就是对客户关系的生命周期积极的介入和控制。

10.1.2　客户关系管理的定义

关于客户关系管理 CRM（Customer Relationship Management）的定义，不同的机构

有着不同的理解和表述。

1．客户关系管理的战略说

全球权威的研究组织 Gartner Group 最早对 CRM 给出了定义，具体如下：客户关系管理（CRM）是代表增进赢利、收入和客户满意度而设计的，企业范围的商业战略。Gartner 强调的是 CRM 是一种商业战略而不是一套系统，它涉及的范围是整个企业而不是一个部门，它的战略目标是增进赢利、销售收入和提升客户满意度。Gartnet Group 认为，所谓的客户关系管理就是为企业提供全方位的管理视角，赋予企业更完善的客户交流能力，使客户的收益率最大化。这是客户关系管理的战略说。

2．客户关系管理的策略说

策略说认为：CRM 是企业的一项商业策略，它按照客户细分情况有效地组织企业资源，培养以客户为中心的经营行为以及实施以客户为中心的业务流程，并以此为手段来提高企业的获利能力、收入以及客户满意度。可见，CRM 实现的是基于客户细分的一对一营销，所以对企业资源的有效组织和调配是按照客户细分而来的，而以客户为中心不是口号，而是企业的经营行为和业务流程都要围绕客户，通过这样的 CRM 手段来提高利润和客户满意度。

3．客户关系管理的行动说

行动说认为：CRM 指的是企业通过富有意义的交流沟通，理解并影响客户行为，最终实现提高客户获得、客户保留、客户忠诚和客户创利的目的。在这个定义中，充分强调了企业与客户的互动沟通，而且这种沟通是富有意义的，能够基于此来了解客户，并在了解客户的基础上能够影响、引导客户的行为，通过这样的努力最终实现的是获取更多的客户、保留原来的老客户、提高客户的忠诚度，从而达到客户创造价值的目的。

4．客户关系管理的技术说和文化说

Guru Group 提出了技术说，认为 CRM 是企业在营销、销售和服务业范围内，对现实的和潜在的客户关系以及业务伙伴关系进行多渠道管理的一系列过程和技术。同时还提出了文化说，认为 CRM 是一种企业文化，使得客户如此容易地同你的公司做生意而不想找别的卖家。

5．客户关系管理的目的说

目的说认为：CRM 就是让企业能够更好地了解客户的生命周期以及客户利润回报能力。CRM 就是为了使企业能够在恰当的时间以恰当的途径向恰当的客户提出恰当的销售

建议。

CRM 首先是一套先进的管理思想及技术手段，它通过将人力资源、业务流程与专业技术进行有效的整合，最终为企业涉及客户或消费者的各个领域提供完美的集成，使得企业可以更低成本、更高效率来满足客户的需求，并与客户建立起基于学习型关系基础上的一对一营销模式，从而让企业可以最大程度地提高客户满意度及忠诚度，挽回失去的客户，保留现有的客户，不断发展新的客户，发掘并牢牢地把握住能给企业带来最大价值的客户群。

6. 客户关系管理的工具说

工具说认为：CRM 也是一套软件和技术，CRM 应用软件简化和协调了销售、市场营销、服务和支持等各类业务功能的过程，并将注意力集中于满足客户的需要上，同时还将多种与客户交流的渠道，如面对面、电话接洽以及 Web 访问等集合为一体，以方便企业按客户的喜好使用适当的渠道与之进行交流。从本质上说，CRM 不过是一个"聚焦客户"的工具。

7. 客户关系管理的制度说

制度说认为，CRM 是一套原则制度，在整个客户生命期中都以客户为中心，其目标是缩减销售周期和销售成本、增加收入、寻找扩展业务所需的新的市场和渠道，以及提高客户的价值、满意度、赢利性和忠诚度。

CRM 的核心内容主要是通过不断的改善与管理企业销售、营销、客户服务和支持等与客户关系有关的业务流程并提高各个环节的自动化程度，从而缩短销售周期、降低销售成本、扩大销售量、增加收入与盈利、抢占更多市场份额、寻求新的市场机会和销售渠道，最终从根本上提升企业的核心竞争力，使得企业在当前激烈的竞争环境中立于不败之地。

8. IBM 对客户关系管理的定义

IBM 把客户关系管理分为三类：关系管理、流程管理和接入管理，涉及企业识别、挑选、获取、保持和发展客户的整个商业过程。关系管理是与销售、服务、支持和市场相关的业务流程的自动化历程管理，使用数据挖掘技术或数据仓库分析客户行为、期望、需要、历史，并具有全面的客户观念和客户忠诚度衡量标准和条件。接入管理主要是用来管理客户和企业进行交互的方式，如计算机电话集成（CTI）、电子邮件响应管理系统（ERMS）等，包括行政管理、服务水平管理和资源分配功能。CRM 成功实施的关键是业务流程必须灵活，随商业条件或竞争压力的变化必须要做出相应的改变。

IBM 对 CRM 的定义，其实包括两个层面的内容：首先企业实施 CRM 的目的，就是通过一系列的技术手段了解客户目前的需求和潜在客户的需求，适时地为客户提供产品和服务；其次，企业对分布于不同的部门、存在于客户所有接触点上的信息进行分析和挖掘，分析客户的所有行为，预测客户下一步对产品和服务的需求，企业内部相关部门实时地输入、共享、查询、处理和更新这些信息，进行一对一的个性化服务。

10.1.3　客户关系管理的内涵

客户关系管理（CRM），从管理科学的角度来考察，它源于"以客户为中心"的市场营销理论，是一种旨在改善企业与客户之间关系的管理机制。从解决方案的角度考察，它是将市场营销的科学管理理念通过信息技术集成在软件上，在网络时代的顾客关系管理应该是利用现代信息技术手段，在企业与顾客之间建立一种数字的、实时的、互动的交流管理系统。

从以下几个方面来理解 CRM 的内涵：

首先 CRM 是一种经营理念，其核心是以客户为中心，这一理念的主要来源是现代营销理论。CRM 的三个主要方面是：销售、市场营销和客户服务，这三个主要方面和以客户为中心的理念是紧密相关的，但是 CRM 不是机械的、孤立的，仅仅局限于这三个方面，它同时涵盖其他相关的内容，并有机地融合为一体。

在方式和内容上，是要通过对包括信息、资源、流程、渠道、管理、技术等进行合理高效的整合利用。

在目的上，是为了使企业能够获得较高的利润回报，并从长远的角度在赢得、巩固客户和市场等方面获得利益。

在技术上，CRM 在近年的大行其道则应归功于 IT 技术和互联网技术的进步，如果没有这些技术，CRM 也不会取得现在这样的发展，具体的应用包括：数据挖掘、数据仓库、商业智能、呼叫中心（Call Center）、电子商务、基于浏览器的个性化服务系统等，同时，随着在 CRM 上的应用，这些技术也得到了飞速的发展。

所以，CRM 的内涵是企业利用 IT 技术和互联网技术实现对客户的整合营销，是以客户为核心的企业营销的技术实现和管理实现。

CRM 的核心管理思想包括以下三方面：

（1）客户是企业发展最重要的资源之一。

（2）对企业与客户发生的各种关系进行全面管理。

（3）进一步延伸企业供应链管理。

CRM 将企业内部和外部所有与客户相关的资料和数据集成在同一个系统里，以便让市场营销人员、销售人员、服务人员以及网站等所有与客户接触的一线人员或渠道都能够共享。

CRM 对市场营销、销售与服务等前台工作导入流程管理的概念，让每一类客户的需求，通过一系列规范的流程得到快速而妥善的处理，并且，让服务同一个客户的销售、市场营销、服务与管理人员能够紧密协作，从而大幅度增加销售业绩与客户满意度。

10.2　公共关系与关系营销

10.2.1　公共关系与关系营销概念

1. 公共关系

"公共关系"一词，源于美国，是从英文 public relations 翻译过来的。这里的"公共"，具有"公开的"、"社会的"含义。它表明了公共关系的主要职能是处理各种公开的、社会的关系，要求有极大的透明度。这就明显地同那些隐蔽的、私人的关系区别开来了。

具体剖析公共关系的概念，可以发现，它与一般意义上的"关系"相接近，具有状态和活动的两重含义，即公共关系既是一种客观存在的状态，又是一种主观意识的活动。

（1）所谓**公共关系状态**，是说任何组织，无论是企业单位还是事业单位，都和一个组织或一个群体中的成员发生着一定性质上的联系，它们之间互相影响、互相传用，不论你主动或被动、自觉或不自觉，这种既定的状态是不受人的意志所左右而客观存在着，而且任何一个组织或群体中的任何一个成员都必须受其制约。这种与组织或与组织的成员始终联系着的客观现象，就是公共关系状态。

公共关系状态可分为两类，单纯的公共关系状态和积极的公共关系状态。单纯的公共关系状态，是自发的、不自觉的、尚未展开活动的公共关系状态。积极的公共关系状态，是有意识的、自觉的、经过组织或成员的积极活动而创造的一种良好的公共关系状态。

（2）所谓**公共关系活动**，是说一个组织或者是肩负着组织任务的群体中的成员，为了实现预定的目标有计划、有组织地运用传播手段，通过信息交流、情感输送、改变态度、引发行为等有效活动，去改善公共关系状态，以便创造最佳发展环境，保证预定目标的实现。这种组织或个人的主观能动的活动，就是公共关系活动。

公共关系活动，亦可分为两类：日常的公共关系活动和专门性的公共关系活动。日常的公共关系活动，是指组织成员在平时生活和工作中常常通到的各种关系，并为协调这些关系而立即着手做出的那些简易的活动。此类活动容易开展且容易见效，如笑脸服务、礼貌待客、社交事务等。专门性的公共关系活动，是指公共关系部门及其从业人员为达到一个组织的目的，有计划地凭借一些技术措施或方法手段去开展的那些专门性的活动。此类活动比较复杂，人员必须经过训练，工作必须持久努力，才能奏效，如广告设计、新闻传播、策划工程等。

公共关系是由组织、公众和传播三个要素组成的。这三个要素统一于特定的社会环境之中，构成了公共关系的整体，形成了对公共关系概念的一般认识。

2. 关系营销

所谓关系营销，是指从系统、整体的观点出发，对企业生产经营活动中涉及的各种关系加以整合、利用，来构建一个和谐的关系网，并以此为基础展开的营销活动。

进一步分析其含义：

（1）首先要揭示的是系统和整体的观点。这个观点反映了关系营销的本质：系统论学说。我们生活的世界无论何时何地都是世界普遍联系大网上的一个小小环节，无论何时何地都是各种关系中的一小部分。世界是一个系统的世界。从极大的观测宇宙到极小的基本粒子，从无机界到有机界，从自然到社会，无一不是以系统的形式存在着和演化着。这个观点在企业管理中，就成为了从系统、整合的观点上进行企业管理的核心理念；拿到市场营销学之中，就成了处理好整个系统中各种主客体之间关系的核心理念，那就是"关系营销"要达到良好的营销效果。

（2）对可能利用到的关系进行一个大致的归类。这些关系包括与雇员的关系、与客户的关系、与上下游企业的关系（即：与供销商和渠道的关系）、与竞争者的关系以及与政府和其他利益团体的关系等。这些关系都是需要加以研究的部分，在关系营销中扮演着不可或缺的角色。

（3）这些关系要素都不是孤立的，它们相互作用、互相影响，从而构成一个有机的整体。这是一个典型的"短边问题"。就是说，这几个因素就像一个木桶的几个边一样。木桶的容积不取决于最长的边，而是取决于最短的那条边。换句话说，在关系营销中要注重的是几大要素的整合考虑。如果有一个问题没有考虑好，它所产生的负面效果会极大地抵消在其他方面所做出的努力。

10.2.2 网络环境下的公共关系管理

网络时代的到来，要求人类社会生活的各个方面要与之相适应，公关业界也是如此，因为网络时代为组织进行公关活动、塑造企业形象提供了新的展示平台。美国著名的营销和广告公司的公关总监大卫·坎普对此作了生动的描述："网络是公司新的名片，新的文件夹，是第一个也许是唯一的塑造第一印象的机会。"

互联网使组织的公关环境发生了深刻的变化，网络公关应运而生。在网络化（互联网、物联网、移动通信网、有线电视网等协调和整合）的今天，网络公共关系符合传统公共关系的要旨，并且突出了其传播的特征，充实、完善了公共关系的内涵。

网络环境下的公共关系与传统的公共关系相比，三大要素都发生了变化。

1. 网络公共关系主体的变化

公共关系的主体是社会组织，而网络公共关系的主体是指网络化生存的组织，这样的企业与传统的企业相比，有以下特点：

（1）经营活动的全球化。网络中的企业，是"无国籍"企业，其活动范围是全球性的。企业能够通过信息高速公路在全球范围内开展经营贸易活动，企业通过基于 Internet 的国际互联网、ISDN 的综合业务数字网、内部计算机网络世界以及虚拟专用网（VPN），将企业的各种信息传达到地球的每一个角落。VISA 系统可以从全球范围的信用卡处理业务中收集、捕捉信息，为企业的全球化业务提供方便，也降低了信息费用。

（2）数字化与信息化。网络化企业的管理是一种数字化管理，人们通过设计数据存储工具，对大量的数据进行捕捉和开发，然后，决策者可以使用数据分析工具，对复杂的数据进行分析，甚至画出数据图表，以帮助其进行更好的决策。随着 MRP、MIS、DSS（决策支持系统）、ESS（专家支持系统）等系统的建立与应用，将促进企业全面进入信息化管理时代；反应迅速，变化快，自我调整能力强。由于电子技术的应用，企业能够以极快的速度对发生在一个地方的事件做出反应，发生在一个地方的事件也会迅速地被远方的组织和个人知道。速度成为企业竞争取胜的决定因素，如快速识别顾客新的需求、实施新服务满足顾客的新需求，同时可以缩短从新产品、新服务概念的产生到实施的时间距离。总之，从事电子商务的企业依靠反应迅速快、自我调整能力强在网络中生存发展。

2. 网络公共关系客体的变化

网络公共关系的客体是指网上公众，是与网上企业有实际或潜在利害关系或相互影响的个人或群体的总和。网络中的企业组织所面对的市场是在全球范围内充满个性的公众市场乃至个人市场，因此要面对的公众也是个体性的，网络可以使与公众的交流实现真正的一对一。传统的公共关系研究的是组织与社会各类公众群体的协调沟通，公关活动也是面对一类人或一群人，利用大众化的媒体发起强大的传播活动，网络公共关系要针对的是差异性极大的个体公众，这为网络公关提出了新的课题。网络化企业所面对的公众极为复杂，既有传统意义的"大众"公众，又有网络文化下的"小众"公众乃至个体公众；既有本地同一文化条件下的公众，又有世界各地文化差异极大的公众。在视顾客为上帝的今天，企业面对网络所带来的公众复杂性，就必须研究对策，寻找合适的模式，这是企业的当务之急。由于互联网技术使得公众的威力大大地超过传统意义上的公众力量，有人说："以前，如果我们服务让一个顾客不满意，他可能告诉他的五个朋友，而在网络中，他可能会告诉五千人或更多。"一个顾客不满意，就会出现因为失去一个顾客而导致失去一群顾客的后果。这对公共关系工作提出了更高的要求。

3．网络公共关系传播方式的变化

网络媒体突破了传统媒体的传播局限性，不论相隔多远都能如同近在咫尺般的迅速沟通和交流，为实现公共关系传播的全球化提供了技术支持，而全球经济一体化的趋势也推动着公共关系工作的全球化。网络是迄今为止最"民主"的传播媒体，打破了传统媒体对信息发布的垄断，网络中的公众，没有了现实中的身份、地位、财富的"等级"，有的只是平等，所以西方学者把网络称为是"数字化的民主"。与传统的传播媒体相比，网络媒体有成本低、信息量大、传播速度快的特点。企业一旦注册了域名后，就能在极大的空间里发布自己的信息，它不受版面和时间的约束，也不需要昂贵的传播费用。

10.2.3　网络环境下的客户关系管理

随着经济全球化和世界市场竞争的多样化，计算机技术及网络日益成为各国及企业进行竞争的基础和手段，全球经济关系越密切，对计算机技术及网络的依赖性越。网络环境在多方面对客户关系管理产生影响。

1．信息传播实时性与互动性

互联网"实时性"的特点使客户获取信息时没有时间、地域的限制，信息的传播比任何一种方式都更快、更直观、更方便、更全面和更有效。互联网作为平等自由的信息沟通平台，信息流动和交互是双向的，信息源积极的向用户展现信息的同时，用户也积极地向信息源索要所需要的信息，并及时反馈意见给信息源，使得信息沟通双方可以平等即时的进行交互。互联网超越时间约束和空间限制进行信息交换的特点与优势，使得网络营销、冲破时空局限以达成交易成为可能，企业与客户可以在更大的空间、有更多的时间、有更多的交换机会进行接触。企业还可以利用 Internet 广泛发布产品供求信息、展开市场调查、寻找新的市场、进行产品销售。互联网上的促销也可以做到一对一的供求连接，使得促销活动客户主导化、理性化，并通过信息提供与交互式交谈，与客户建立长期良好的关系。

2. 信息发布自由化

网络用户具有话语自由权。网络中的行为主体是匿名的，其真实的性别、年龄、身份可以通过技术屏蔽和有意掩盖而不让外人得知，挣脱了"把关人"的掌握和控制，匿名发布信息和发表言论在一定程度上得以实现。网络用户可以将自己对某一产品的使用心得或购买感受发表在论坛上，与其他网络用户实现横向意见的沟通。此外，网络用户还可以将自己认为有价值的信息通过 E-mail 向朋友推荐，或者是直接贴到 BBS、博客上。网络用户还可以通过"聊天室"与网友进行"面对面"的直接交流。网络为现实中的人们提供了一个畅所欲言的机会。网络独有的交互性使得公众舆论形成的基础扩大，网络匿名保障了舆论形成的多样性与意见表达的真实性。

3. 信息超载

信息超载（Information Overload），即信息的数量超过了系统或个人的承载能力，或者说，系统或个人所接受的信息超过其自身的处理能力或信息未能有效应用的状况。

10.3　客户关系分类

10.3.1　按不同水平的分类

企业在具体的经营管理实践中，建立何种类型的客户关系，必须针对其商品的特性和对客户的定位来做出抉择。市场营销学大师菲利普·科特勒（Philip Kotler）在研究中，对企业建立的客户关系，按不同水平、程度区分为以下 5 种，如表 10-1 所示。

表 10-1　客户关系的类型

类　　型	特　征　描　述
基本型	销售人员把产品销售出去后就不再与客户接触
被动型	销售人员把产品销售出去，同意或鼓励客户在遇到问题或有意见时联系企业
负责型	产品销售完成后，企业及时联系客户，询问产品是否符合客户的要求，有何缺陷或不足，有何意见或建议，以帮助企业不断改进产品，使之更加符合客户需求
能动型	销售完成后，企业不断联系客户，提供有关改进产品的建议和新产品的信息
伙伴型	企业不断地协同客户努力，帮助客户解决问题，支持客户的成功，实现共同发展

这 5 种客户关系类型之间并不具有简单的优劣对比程度或顺序，因为企业所采用的客户关系类型既然取决它的产品以及客户的特征，那么不同企业甚至同一企业在对待不

同客户时，都有可能采用不同的客户类型。比如一家生产物联网产品的企业，与它的消费者之间常会建立一种被动型的客户关系，企业设立的客户服务机构或联络中心将听取客户的意见、处理客户投诉以改进产品；但这家企业同大型的超市或零售企业及相关的产业机构之间，常可能建立一种伙伴型的客户关系，实现产销企业之间的互惠互利。科特勒提出，企业可以根据其客户的数量以及产品的边际利润水平，根据图 10-1 所示的思路，选择合适的客户关系类型。

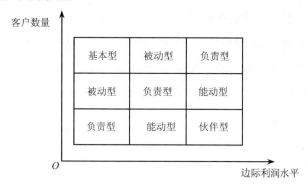

图 10-1　企业选择客户关系类型示意图

　　企业的客户关系类型并不是一成不变的，那么该如何选择适当的客户关系类型呢？如果企业在面对少量客户时，提供的产品或服务边际利润水平相当高，那么它应当采用"伙伴型"的客户关系，力争显现客户成功的同时，自己也获得丰厚的回报；但如果产品或服务的边际利润水平很低，客户数量极其庞大，那么企业会倾向于采用"基本型"的客户关系，否则它可能因为售后服务的较高成本而出现亏损；其余的类型则可由企业自行选择或组合。因此一般说米，企业对客户关系进行管理或改进的趋势，应当是朝着为每个客户提供满意服务（客户让渡价值高）并提高产品的边际利润水平的方向转变。

10.3.2　按不同形态的客户关系分类

客户关系还可按其形态的不同，分为静态客户关系与动态客户关系。

1. 静态客户关系
静态客户关系主要是指客户满意与客户忠诚。

1）客户满意

客户满意是指客户对企业以及企业产品/服务的满意程度。它是客户的一种主观感受，是客户对产品/服务或者对企业的一种情感表现。要想研究客户满意度，首先必须了解客户满意（Customer Satisfaction，CS）的概念。

早在 20 世纪初，Keith 等人就强调经济活动应满足客户的需要（Needs）和愿望（Desires）。然而，对于客户需求和客户满意的深入研究只是近二三十年的事情。虽然"客户满意"这个观点被越来越多的企业经营者接受，但"客户满意"是一个经济学范畴的概念，同时也是心理学范畴的概念，如何定义并量化这一带有各种各样主观色彩的评价值，许多学者仍在探讨之中。

在给出客户满意的定义之前，先来看一下客户情感。客户情感，即客户在消费过程中的情感，是指客户在产品或服务的消费过程中所经历的一系列情感。大多数学者认为，情感可以分为正面情感和负面情感。正面情感就是肯定性情感，如快乐、高兴、欣喜等；负面情感就是否定性情感，如悲伤、烦恼、愤怒等。1987 年，美国亚利桑那大学的营销学教授韦斯特伯（Robert A. Westbrook）首先就客户消费情感对客户满意感的影响进行了实证检验。根据他的研究结果，客户的消费情感直接影响客户满意感，而且，情感性因素与认知性因素（客户期望和服务实绩，以及期望与实绩的差异）对客户满意感的影响力基本相同。此后，美国学者（Oliver）奥立佛也在"期望—实绩模型"中增加了客户的情感反应变量，并进行了一系列的实证检验。这些研究结果都表明，客户的情感对客户满意感有显著的影响。

早在 1965 年，Cardozo 首次将客户满意的概念引进到营销学领域，客户满意开始成为一个正式的研究领域，之后陆续有许多学者提出相关的理论，但不同学者对客户满意的定义仍然持不同的观点，但都是采用传统的"期望—实绩模型"来研究客户满意的。他们的模型往往没有包含客户的正面情感、负面情感等因素。至今为止，只有美国学者菲利普（Diane M. Philips）和巴格特尔（Hans Baumgartner）采用实验法同时检验过客户期望、产品实绩、期望与实绩之差、客户的正面情感、负面情感与客户满意程度的关系。除客户期望、服务实绩、期望与实绩之差会直接或间接地影响客户满意感之外，客户情感也会直接影响客户满意感。

Claes Fornell 等人的研究表明：客户期望对客户的满意程度并没有显著的直接影响。美国学者奥立佛等人的研究结果表明：客户消费后的负面情感对他们的满意程度有着直接的影响。客户的满意程度是由客户的期望实绩之差和客户消费后的正面情感、负面情感决定的，这三个因素对客户的满意程度都有直接的正向或负向影响。客户满意感不但受认知因素（期望和实绩之差）的影响，而且受情感因素的影响。

2）客户忠诚

客户忠诚（Customer Loyalty，CL）的定义为：客户坚持重复购买或惠顾自己喜欢的同一品牌的产品和服务，不管环境的影响和市场的作用。客户忠诚度研究领域在有关客户忠诚的本质、前提和概念方面已经建立了一个庞大的知识体系。

客户忠诚理论可追溯到客户满意理论和市场关系理论。社会学和心理学是客户满意理论的基础，"认可/不认可"概念的提出为满意的定义以及解释满意与信任间关系打下了基础；信任和忠诚都是长时间满意体验的积累，客户满意理论多年来的研究成果阐述了满意与信任的关系，以及满意对再购买行为和忠诚的影响。

客户行为理论和市场关系理论为分析客户与供应商的关系提供了一个广阔、坚实的知识背景。客户忠诚是从客户满意概念中引出的，是指客户满意后而产生的对某种产品品牌或公司的信赖、维护和希望重复购买的一种心理倾向。客户忠诚实际上是一种客户行为的持续性，客户忠诚度是指客户忠诚于企业的程度。

客户忠诚表现为两种形式：一种是客户忠诚于企业的意愿；另一种是客户忠诚于企业的行为。一般的企业往往容易将两种形式混淆起来，其实这两者具有本质的区别，前者对于企业来说本身并不产生直接的价值，而后者则对企业来说非常具有价值。道理很简单，客户只有意愿，却没有行动，对于企业来说是没有意义的。企业需要做的一是推动客户从"意愿"向"行为"的转化；二是通过交叉销售和追加销售等途径进一步提升客户与企业的交易频度。

2．动态客户关系

"动态"有三个方面的含义：一是从营销管理的角度来说，客户管理应该把注意力集中在营销策略对客户资产净值总的影响上，这样既可以抓住期望利润的增加（促销带来的影响）及减少（促销的成本），还可以理解营销活动及客户体验的累积影响；二是从定量分析的角度，是指公司与客户在决策时不但考虑当期的利益，还考虑当期决策对未来的影响，反映公司与客户"向前看的"（Forward Looking）的动态特性；三是在对客户关系管理建模时要兼顾公司及客户双方的利益，达到"双赢"的目的，而不是只考虑客户或公司的单方面利益。

激烈的市场竞争中，企业之间的竞争已经从产品竞争、技术竞争、人才竞争逐步走向对客户资源的残酷竞争，每一个企业都希望掌握更多优质客户，挖掘客户的潜力和真正掌握一套获得客户、保留客户、提高客户盈利能力的方法，以提升客户的价值和营销的效果，这需要对客户关系进行动态的管理。

10.4　客户价值发现原理

10.4.1　客户价值

对客户价值的理解是企业管理的关键。很大程度上企业都把客户价值理解为客户盈利能力，客户价值与客户忠诚度是密切相关的。如果没有评价客户价值的要素标准，就无法使企业的客户价值最大化，因为不知道哪个最小哪个最大。

如果不知道客户的价值，企业就很难判断什么样的市场策略是最佳的。因为企业不知道自己的客户现在值多少钱，所以可能正在浪费企业的资源，或者已经投资过度了。企业可能不知道什么样的客户是有价值的，也不知道企业应从竞争对手那里抢过多少客户。这样一来，企业就很盲目。假如每一个客户生来都是一样的，有着同样的价值，这也就不成问题。但是实际上情况并非如此，在企业的客户群中，客户的盈利能力是有很大区别的。各种市场广告和促销活动在每一个客户上分摊后级别是差不多的，但是对不同的客户产生的影响可能是积极的，也可能是消极的。但是一般而言，在客户身上花的钱越多，他们保持更高的价值的可能性就越大。

客户价值的研究包括客户盈利能力和增量客户价值两大方面。

1. 客户盈利能力

客户忠诚度与客户价值是密切相关的，保持客户的忠诚度将对客户价值产生极深的影响。忠诚度高的客户是指那些持续购买公司产品或服务的客户，这样稳固的关系给企业带来极大的利润。因为企业无需在这些忠诚度高的客户身上投入新的营销费用，而且客户认可了公司并建立起一种良好的关系，所以客户会更多地推荐其他人来购买甚至愿意支付额外的费用以获得最好的服务。

很大程度上，企业都把客户价值理解为客户盈利能力，当然也可以理解为客户带来的销售收入。但是以客户收入作为客户价值，它不能分辨出哪些客户是真正重要的。有一部分客户是可以带来很大的收入，但是因为这种客户要求很多的额外的服务从而产生很高的服务成本，而且它可能要求的价格折扣也更高，从而造成收入可能很高，可是盈利率可能很低，甚至是负利润的情况。从企业发展的战略角度来看，在企业追求市场份额和扩大规模而暂时不关注利润的时候，短期内是可以的，但是长期在这类客户身上投资是不明智的。因此，无论任何时候，企业应该将注意力集中在有利可图的客户身上。

客户价值不仅仅要分析客户的现有价值，还要分析客户的潜在价值，也就是未来的盈利能力。而预测客户的潜在价值，需要有两个主要要素；一个是潜在客户的行为特征和发展成客户行为特征的历史数据；一个是计算客户价值的标准。然而对于一个企业来说，评估一个客户的现有价值已经比较困难了，预测客户将来的价值和潜在价值是更困难的事情。

2. 增量客户价值

增量客户价值的分析是很有意义的，不妨先理解一下增量价值的定义和意义。增量客户价值是指在现有的市场和销售措施的基础上客户价值得到提升，但是客户价值提升的计算存在两种情况，一种是客户提升后的客户价值，一种是客户因为此次提升而增加的客户价值，而增加的这个客户价值就是增量客户价值。

通过以上分析，可以看出，客户的增量价值就是客户由于获得了优惠促销而增加的营业收入减去促销成本后得到的利润。虽然计算客户的增量价值更加困难，但是通过分析客户的增量价值，会发现这部分高增量价值的客户实际上的生命周期价值远远大于现在的价值。增量客户价值的分析也可以提示市场和销售部门哪些活动对哪些客户可以不作，既然花钱了也不增加价值，就不要继续在这些没有增量客户价值的客户身上花钱。

10.4.2　帕累托价值法则

维尔弗雷多·帕累托是经典精英理论的创始人，是社会系统论的代表人物，对经济学，社会学和伦理学做出了很多重要的贡献，特别是在收入分配的研究和个人选择的分析中。他提出了帕累托最优的概念，并用无差异曲线来帮助发展了个体经济学领域。帕累托因对意大利 20%的人口拥有 80%的财产的观察而著名，后来被约瑟夫·朱兰和其他人概括为帕累托法则，后来进一步概括为帕累托分布的概念。

一般情形下，产出或报酬是由少数的原因、投入和努力所产生的。原因与结果、投入与产出、努力与报酬之间的关系往往是不平衡的。若以数学方式测量这个不平衡，得到的基准线是一个 80/20 关系；结果、产出或报酬的 80%取决于 20%的原因、投入或努力。例如，世界上大约 80%的资源是由世界上 15%的人口所耗尽的；世界财富的 80%为25%的人所拥有；在一个国家的医疗体系中，20%的人口与 20%的疾病，会消耗 80%的医疗资源。80/20 原则表明在投入与产出、原因与结果以及努力与报酬之间存在着固有的不平衡。这说明少量的原因、投入和努力会有大量的收获、产出或回报。

帕累托法则在任何时候都是对原因的静态分析，而不是动态的。使用 80/20 原则的艺术在于确认哪些现实中的因素正在起作用并尽可能地被利用。80/20 这一数据仅仅是一个比喻和实用基准。真正的比例未必正好是 80%∶20%。帕累托法则表明在多数情况下该关系很可能是不平衡的，并且接近于 80/20。

帕累托法则极其灵活多用。它能有效地适用于任何组织、任何组织中的功能和任何个人工作。它最大的用处在于：当你分辨出所有隐藏在表面下的作用力时，你就可以把大量精力投入到最大生产力上，并防止负面影响的发生。

帕累托法则要遵守下列事项：

（1）鼓励特殊表现，而非赞美全面的平均努力。

（2）寻求捷径，而非全程参与。

（3）选择性寻找，而非巨细无遗的观察。

（4）在几件事情上追求卓越，不必事事都有好表现。

（5）只做我们最能胜任且最能从中得到乐趣的事。

（6）从生活的深层去探索，找出那些关键的 20%，以达到 80%的好处。

10.4.3　价值客户分析方法与发掘过程

根据企业客户价值评价标准，客户价值评价体系应该从客户当前价值和潜在价值两个方面进行设计。

在整个客户生命周期上，管理客户价值是 CRM 的基本思想，因此，企业在评价客户的价值时，不仅要参照该客户当前的价值表现，更重要的是依据其对该客户潜在价值的预测判断。客户当前价值决定了企业当前的盈利水平，是企业感知客户价值的一个重要方面。客户潜在价值关系到企业的长远利润，是直接影响企业是否继续投资于该客户关系的一个重要因素。

当前价值计算评价可以从直接计算和指标评价两个角度分别考虑。直接计算是通过严格的数学计算得到当前价值的具体数值，指标评价是通过相关指标的评价间接获得当前指标的评价值。

从直接计算的角度，当前价值中的货币价值就是要计算在评价阶段内客户实际产生的净利润大小。这一计算过程主要是在 ABC 成本分析的基础上进行盈利核算的。但是，上述盈利分析是一个复杂的计算过程，特别是对于难以用 ABC 成本分析法进行处理的企业。因此，虽然从理论上这一方法是可行的，但在实际企业实践上却是难以操作的，所以有必要借助另外一种方法来间接评价客户当前的货币价值。

从指标评价的角度，这里提出用毛利润、购买量、服务成本三个指标来间接描述评价客户当前的货币价值。其中，毛利润等于客户实际支付的价格减去平均生产成本，购买量是客户在评价阶段内购买产品的累计数量，服务成本是在企业在该段时间内服务该客户所花费的投入。毛利润指标主要反映了客户实际支付价格的高低，购买量指标间接反映了客户在分摊生产成本上的差异，服务成本直观显示了不同客户在客户服务投入上的不同。因此，这三个指标可以全面地对客户现阶段的净利润进行描述，这是因为：

净利润= 客户实际支付价格–实际分摊的生产成本–固定营销成本

　　–可变营销成本（即服务成本）　　　　　　　　　　　　（10-1）

而固定营销成本，如广告投入等，对于每一个客户都是相同的。因此，得到：

净利润=f（客户实际支付价格，实际分摊的生产成本，可变营销成本）

　　=$f(m$（毛利润），g（购买量），服务成本$)$

　　=h（毛利润，购买量，服务成本）　　　　　　　　　（10-2）

其中函数 f 表示客户实际支付、实际分摊的生产成本以及可变营销成本与客户净利润之间的函数关系；函数 m 表示毛利润与客户实际支付价格之间的函数关系，客户实际分摊的生产成本是客户购买量的函数，用 g 来表示。

公式（10-2）的推导过程说明，毛利润指标主要反映了客户实际支付价格的高低，购买量指标间接反映了客户在分摊生产成本上的差异，服务成本直观显示了企业对于客户服务的投入。需要特别解释的是这里的毛利润是指单位商品的毛利润，购买量是客户在评价阶段内购买产品的累计数量，服务成本是在企业在该段时间内服务该客户所花费的投入。

客户潜在价值计算评价也可以从直接计算和指标评价两种方法得到。潜在价值的直接计算与当前价值的直接计算含义相同，即通过数学推导计算得到潜在价值的具体数值。潜在价值的指标评价与现有价值的指标评价含义一致，即通过相关指标得到潜在价值的一个评价值。

从直接计算的角度来讲，客户未来潜在价值集中表现为该客户在剩余生 命周期中的货币价值，即该客广在剩余生命周期中所产生的净现金流的大小，也即其长期价值的大小，该值越大，客户的潜在价值也就越大。

从指标计算评价的角度讲，客户关系的一些特征描述变量，如满意度、忠诚度、信任度和信用等，也能在一定程度上预测该客户今后一段时间内潜在价值的变化。

这些关系特征变量中，最有说服力的是忠诚度和信任度，客户满意度的预测效果受到置疑。根据陈明亮关于客户生命周期曲线特征的描述理论的研究，客户忠诚度和信任度的表现常常伴随着潜在价值的同方向的变动，从客户关系的建立、发展、稳定到衰退，客户的忠诚/信任也经历了一个类似的形成、加强、稳定到解体的过程。与此同时，客户价值（净现金流）也与忠诚/信任的波动同步形成一个倒 "U" 型变化曲线，即客户生命周期曲线。这说明客户当前的忠诚/信任度可以在一定程度上预测该客户在今后一段时间内价值的间接计算评价变化。如果该客户当前的忠诚/信任度较高，则可以说，在此后的一段时间内，其货币价值有上升的趋势；反之，则有下降的趋势。客户关系特征变量的意义之一就在于它为企业提供了一种判断客户未来潜在价值的简洁途径。另外，对于存在货币信贷关系的客户关系而言，企业对于客户信用的评价，通过预测未来交易风险的途径间接反映了企业对该客户未来潜在价值的间接评价。客户信用度越高，企业与之继续交易的风险越低，潜在价值的预期值上升；反之，客户信用度越低，企业与之继续交易的风险越高，其潜在价值的预期值下降。不过，客户忠诚/信任度、信用度所提供的这种间接预测，只能对该客户未来短期时间段使用，对于客户剩余生命周期潜在价值的预测，这种间接方法还不适用，这是因为客户的非货币价值是一个受关系双方互动影响的变量，用一个阶段的静止评价，难以窥探价值变化的全貌，这是该方法的局限性。

因此，对于客户价值评价指标体系的设计，通过对当前价值和潜在价值的直接、间接计算评价，可以得到四个不同的评价指标体系。

对客户当前价值和潜在价值加权求和就可以得到客户价值的评价值。如果当前价值为直接计算得到的具体货币数值，则需要进行无量纲处理。潜在价值的直接计算与此类似处理。

10.5　客户体验设计理论

仿佛在一夜之间，"客户体验"这个词就传遍了世界。在戴尔公司总部，差不多每间办公室都写着一句口号："客户体验：把握它"。数千名员工脖子上挂着嵌有照片的工卡，上面写着戴尔公司的使命：在服务的市场传递最佳客户体验。惠普的口号是全面客户体验。美国德州仪器甚至取消了市场部，取而代之的是"接近最终客户"部门。在联想，你也会发现，"全面客户体验"成了每个员工的口头禅。

面临着新的经营环境和竞争范式，越来越多的企业开始想方设法寻找新的途径，以维持企业的盈利能力。这就是为什么众多的公司如惠普、通用电气、星巴克、戴尔、索尼、微软、联想、海南航空等企业纷纷推行全面客户体验的原因。

虽然这些公司大多对管理时尚比较反感，但它们都毫无疑问地接受了全面客户体验，因为全面客户体验这一创新能够促进公司提升客户利润贡献度和客户满意度，增加市场份额，减少运营成本，而最终提高投资回报率。不同的企业、不同的学者从不同层面、不同角度解释全面客户体验。从不同的层面来看，全面客户体验涉及了企业战略管理和运营管理两个层面。

在企业战略层面，全面客户体验包含了客户份额、客户细分、以客户为中心重组盈利模式、基于客户共享的策略联盟等核心概念。这些概念是企业从"以产品为中心"转型为"以客户为中心"的"心法"，保证了企业能够找到有价值的客户和踏上快速成长的战略路径。

在企业运营层面，全面客户体验包含了客户关键满意因素、全面接触点管理、"以业务流程再造"等核心概念。这些概念和实践是"以客户为中心"的"手法"，它们保证了"以客户为中心"不是继续停留在纸面上、口头上，而是落实到每一个员工每一天所做的每一件事上。

对全面客户体验的理解，必须要将战略层面和运营层面结合在一起。有些企业和专家偏于战略层面的理解，以追求客户份额为战略目标，而以细分的价值客户为中心，重组了业务模式，但是收效甚微，甚至降低了客户满意度，所有业务的盈利能力全面下降。其中的主要原因就是运营层面"缺钙"，没有执行力，导致了当业务模式拓展时，出现管理疏忽、流程混乱、质量下降等不利局面。

而有些企业和专家偏于运营层面的理解，以追求客户满意度为绩效目标，而不断改进流程、提高质量、赠送附加服务等。但是，客户满意度是上升了，利润却没有增长，甚至下降了。其中的主要原因就是战略层面"近视"，没有战略眼光，导致大量满意度很高的客户没有给企业带来任何利润；同时由于缺乏集成的业务组合，无法获取客户的延伸购买，高的客户满意度竟然没有转化为经营利润。

从不同的角度来看，全面客户体验涉及了信息技术、传播学、心理学和管理学等学科，可以说全面客户体验是一个交叉而又综合的理论体系。但是，很多学者和咨询顾问，在嘲笑许多公司职能型组织因专业、利益各异而经常推脱责任，减低工作效率时，也犯了同样的错误，仅仅站在自己专业的角度定义"全面客户体验"。

一些学者和咨询顾问将全面客户体验定义为对客户理智、感性、联想、回忆等的研究和管理。该定义显然太偏于心理学，把全面客户体验这一最佳营销实践搞得过于虚无，无法为企业提供实务操作方法。首先，客户的理智、感性、联想、回忆等是无法衡量的，无法衡量的东西就无法管理。其次，即使通过一些复杂的计量模型将这些东西衡量出来，也毫无意义，因为人的理智、感性、联想、回忆等太不稳定。

有一些学者和咨询顾问将全面客户体验定义为促使公司更好地满足顾客需求的方法。这是一个很不错的定义，但是并不完美。全面客户体验最富有吸引力的地方，在于其将客户满意度转化为股东价值。很多企业用一般客户来衡量客户满意度和客户价值。虽然他们随后采取了一些行动，实施了一些项目，但因针对全部客户，其效果被稀释殆尽，无法满足高价值客户的需求。而全面客户体验通过客户利润贡献度分析和客户差别管理策略，使企业针对最有价值的客户展开改进满意度的工作，提高其利润贡献。

如果所有这些定义和理解都只是部分正确，那么，什么才是全面客户体验的最好定义和理解呢？以我们自身的理论研究和咨询实践，并结合一些成功导入全面客户体验的公司的最佳实践，我们可以把全面客户体验定义为一种增进盈利能力的模式，如图 10-2 所示。

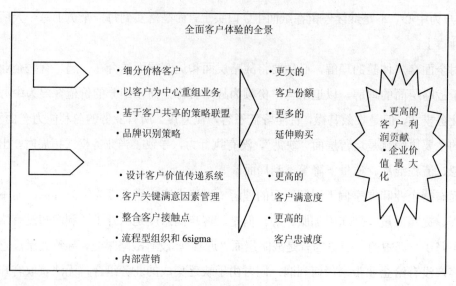

图 10-2　全面客户体验的全景

全面客户体验是一种基于价值客户的价值营销模式，它通过对价值客户需求的理解，确立富有竞争力的业务组合，并通过一套整合的传递系统，将业务组合中所体现的价值完美地交付给客户，使客户满意度和忠诚度得以提升，从而达成提升客户利润贡献的目标。

10.6　客户关系管理系统

客户关系管理（CRM）软件系统以最新的信息技术为手段，运用先进的管理思想，通过业务流程与组织上的深度变革，帮助企业最终实现以客户为中心的管理模式。

10.6.1　客户关系管理系统的一般模型

目前主流 CRM 系统主要模型如图 10-3 所示。

模型阐明了 CRM 系统的主要过程是对营销、销售和客户服务三部分业务流程的信息化；与客户进行沟通所需要的各种渠道（如电话、传真、网络、亲自访问等）的集成和自动化处理；对上面两部分功能所积累下的信息进行的加工处理，产生客户智能，为企业的战略战术的决策提供支持。图 10-3 反映了目标客户、主要过程以及功能之间的相互关系。一般来讲，当前的 CRM 产品所具有的功能都是图 10-3 的子集。

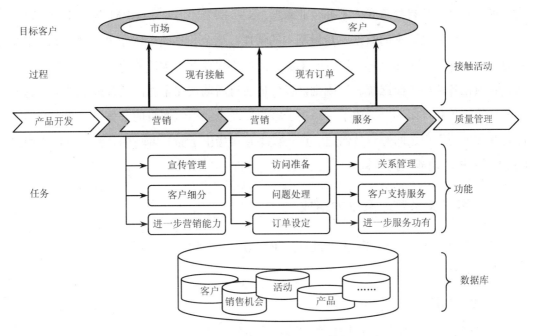

图 10-3　CRM 系统的一般模型

CRM 系统具有销售、营销和服务的综合支持能力。系统采用闭环设计，可显著改善企业在客户关系、业务交易执行、完成客户预期和在供服务等方面的处理能力。首先，在市场营销过程中，目标消费者位居于中心地位。企业识别总体市场，将其划分为较小的细分市场，选择最有开发价值的细分市场，并集中力量满足和服务于这些细分市场。企业设计为由其控制的四大要素（产品、价格、渠道和促销）所组成的市场营销组合。为找到和实施最好的营销组合，企业要进行市场营销分析、计划、实施和控制。通过这些活动，企业观察并应变于市场营销环境。而销售的任务是执行营销计划，包括发现潜在客户、信息沟通、推销产品和服务、收集信息等，目的是建立销售订单，实现销售额。在客户购买了企业提供的产品和服务后，还需对客户提供进一步的服务与支持，这主要是客户服务部门的工作。产品开发和质量管理过程分别处于 CRM 过程的两端，提供必要的支持。

在 CRM 软件系统中，各种渠道的集成是非常重要的。CRM 的管理思想要求企业真正以客户为导向，满足客户多样化和个性化的需求。而要充分了解客户不断变化的需求，必然要求企业与客户之间要有双向的沟通，因此拥有丰富多样的营销渠道是实现良好沟通的必要条件。

CRM 改变了企业前台业务运作方式，各部门间信息共享，密切合作。位于模型中央的共享数据库作为所有 CRM 过程的转换接口，可以全方位地提供客户和市场信息。过去，前台各部门从自身角度去掌握企业数据，业务割裂。而对于 CRM 模型来说，建立一个相互之间联系紧密的数据库是最基本的条件。这个共享的数据库也被称为所有重要信息的"闭环"（Closed-loop）。由于 CRM 系统不仅要使相关流程实现优化和自动化，而且必须在各流程中建立统一的规则，以保证所有活动在完全相同的理解下进行。这一全方位的视角和"闭环"形成了一个关于客户以及企业组织本身的一体化蓝图，其透明性更有利于与客户之间的有效沟通。这一模型直接指出了面向客户的目标，可作为构建 CRM 系统核心功能的指导。

10.6.2　客户关系管理系统的组成

根据 CRM 系统的一般模型，可以将 CRM 软件系统划分为接触活动、业务功能及数据仓库三个组成部分。

1．接触活动

在客户交互周期中的客户接触参与阶段，系统主要包含：

（1）营销分析：包含市场调查、营销计划、领导分析以及活动计划和最优化。并提供市场洞察力和客户特征，使营销过程更具计划性，达到最优化。

（2）活动管理：保证完整营销活动的传送，包括计划、内容发展、客户界定、市场分工和联络。

（3）电话营销：通过各种渠道推动潜在客户产生。包含名单目录管理，支持一个企业有多个联系人。

（4）电子营销：保证互联网上个性化的实时、大量的营销活动的实施和执行。始于确切、有吸引力的目标组，通过为顾客定制的内容和产品进行进一步的交互。

（5）潜在客户管理：通过潜在客户资格以及从销售机会到机会管理的跟踪和传递准许对潜在客户的发展。

CRM 软件应当能使客户以各种方式与企业接触，典型的方式有 Call Center（见第13 章）、面对面的沟通、传真、移动销售（Mobile Sales）、电子邮件、Internet，以及其他营销渠道，如金融中介或经纪人等，CRM 软件应当能够或多或少地支持各种各样的接触活动。企业必须协调这些沟通渠道，保证客户能够采取其方便或偏好的形式随时与企业交流，并且保证来自不同渠道的信息完整、准确和一致。当前，互联网已经成为企业与外界沟通的重要工具，特别是电子商务的迅速发展，促使 CRM 软件与互联网进一步紧密结合，并与物联网结合发展成为基于物联网的应用模式。

2．业务功能

企业中每个部门必须能够通过上述接触方式与客户进行沟通，而市场营销、销售和服务部门与客户的接触和交流最为频繁，因此，CRM 软件应对这些部门予以重点支持。具体的可参考以现有的 CRM 产品为例来分析（见表 10-2）。

表 10-2　CRM 系统的业务功能

主要模块	目　标	该 模 块 所 能 实 现 的 主 要 功 能
销售模块	提高销售过程的自动化和销售效果	销售：是销售模块的基础，用来帮助决策者管理销售业务，它包括的主要功能是额度管理、销售力量管理和地域管理
		现场销售管理：为现场销售人员设计，主要功能包括联系人和客户管理、机会管理、日程安排、佣金预测、报价、报告和分析
		现场销售/掌上工具：这是销售模块的新成员。该组件包含许多与现场销售组件相同的特性，不同的是，该组件使用的是掌上型计算设备
		电话销售：可以进行报价生成、订单创建、联系人和客户管理等工作。还有一些针对电话商务的功能，如电话路由、呼入电话屏幕提示、潜在客户管理以及回应管理
		销售佣金：它允许销售经理创建和管理销售队伍的奖励和佣金计划，并帮助销售代表形象地了解各自的销售业绩
营销模块	对直接市场营销活动加以计划、执行、监视和分析	营销：使得营销部门实时地跟踪活动的效果，执行和管理多样的、多渠道的营销活动
		针对电信行业的营销部件：在上面的基本营销功能基础上，针对电信行业的 B2C 的具体实际增加了一些附加特色
		其他功能：可帮助营销部门管理其营销资料；列表生成与管理；授权和许可；预算；回应管理
客户服务模块	提高那些与客户支持、现场服务和仓库修理相关的业务流程的自动化并加以优化	服务：可完成现场服务分配、现有客户管理、客户产品全生命周期管理、服务技术人员档案、地域管理等。通过与企业资源计划（ERP）的集成，可进行集中式的雇员定义、订单管理、后勤、部件管理、采购、质量管理、成本跟踪、发票、会计等
		合同：此部件主要用来创建和管理客户服务合同，从而保证客户获得的服务水平和质量与其所花的钱相当。它可以使得企业跟踪保修单和合同的续订日期，利用事件功能表安排预防性的维护活动
		客户关怀：这个模块是客户与供应商联系的通路。此模块允许客户记录并自己解决问题，如联系人管理、客户动态档案、任务管理、基于规则解决重要问题等
		移动现场服务：这个无线部件使得服务工程师能实时地获得关于服务、产品和客户的信息。同时，他们还可使用该组件与派遣总部进行联系
呼叫中心模块	利用电话来促进销售、营销和服务	电话管理员：主要包括呼入呼出电话处理、互联网回呼、呼叫中心运营管理、图形用户界面软件电话、应用系统弹出屏幕、友好电话转移、路由选择等
		开放连接服务：支持绝大多数的自动排队机，如 Lucent、Nortel、Aspect、Rockwell、Alcatel、Erisson 等
		语音集成服务：支持大部分交互式语音应答系统
		报表统计分析：提供了很多图形化分析报表，可进行呼叫时长分析、等候时长分析、呼入呼叫汇总分析、座席负载率分析、呼叫接失率分析、呼叫传送率分析、座席绩效对比分析等

续表

主要模块	目　标	该 模 块 所 能 实 现 的 主 要 功 能
呼叫中心模块	利用电话来促进销售、营销和服务	管理分析工具：进行实时的性能指数和趋势分析，将呼叫中心和座席的实际表现与设定的目标相比较，确定需要改进的区域
		代理执行服务：支持传真、打印机、电话和电子邮件等，自动将客户所需的信息和资料发给客户。可选用不同配置使发给客户的资料有针对性
		自动拨号服务：管理所有的预拨电话，仅接通的电话才转到座席人员那里，节省了拨号时间
		市场活动支持服务：管理电话营销、电话销售、电话服务等
		呼入呼出调度管理：根据来电的数量和座席的服务水平为座席分配不同的呼入呼出电话，提高了客户服务水平和座席人员的生产率
		多渠道接入服务：提供与 Internet 和其他渠道的连接服务，充分利用话务员的工作间隙，收看 E-mail、回信等
电子商务模块	运用网络与客户互动，推动网上销售、营销、支付和服务支持	电子商店：此部件使得企业能建立和维护基于互联网的店面，从而在网络上销售产品和服务
		电子营销：与电子商店相联合，电子营销允许企业能够创建个性化的促销和产品建议，并通过 Web 向客户发出
		电子支付：这是 Oracle 电子商务的业务处理模块，它使得企业能配置自己的支付处理方法
		电子货币与支付：利用这个模块后，客户可在网上浏览和支付账单
		电子支持：允许顾客提出和浏览服务请求、查询常见问题、检查订单状态。电子支持部件与呼叫中心联系在一起，并具有电话回拨功能

3. 数据仓库

数据仓库是 CRM 项目的灵魂。首先，数据仓库将客户行为数据和其他相关的客户数据集中起来，为市场分析提供依据。其次，数据仓库将对客户行为的分析以 OLAP、报表等形式传递给市场专家。市场专家利用这些分析结果，制定准确、有效的市场策略。同时，利用数据挖掘技术，发现交叉销售、增量销售、客户保持和寻找潜在客户的方法，并将这些分析结果转化为市场机会。通过数据仓库的分析，可以产生不同类型的市场机会。针对这些不同类型的市场机会，企业分别确定客户关怀业务流程。依照这些客户关怀业务流程，销售或服务部门通过与客户的交流，达到关怀客户和提高利润的目的。最后，数据仓库将客户市场机会的反应行为，集中到数据仓库中，作为评价市场策略的依据。可以这样说，数据库是 CRM 管理思想和信息技术的有机结合。

一个高质量的数据库包含的数据应当能全面、准确、详尽和及时地反映客户、市场及销售信息。数据可以按照市场、销售和服务部门的不同用途分成三类：客户数据、销售数据、服务数据。客户数据包括客户的基本信息、联系人信息、相关业务信息、客户分类信息等，它不但包括现有客户信息，还包括潜在客户、合作伙伴、代理商的信息等。销售数据主要包括销售过程中相关业务的跟踪情况，如与客户的所有联系活动、客户询价和相应报价、每笔业务的竞争对手以及销售订单的有关信息等。服务数据则包括客户投诉信息、服务合同信息、售后服务情况以及解决方案的知识库等。这些数据可放在同一个数据库中，实现信息共享，以提高企业前台业务的运作效率和工作质量。目前，飞速发展的数据仓库技术（如 OLAP、数据挖掘等）能按照企业管理的需要对数据源进行再加工，为企业提供强大的分析数据的工具和手段。

CRM 系统在具体实施中要注意与数据仓库、SFA（Sales Force Automation，自动销售软件）结合。事实上，在目前的企业中，普遍有两种做法：一是将 CRM 与 SFA 相结合；一是将 CRM 与数据仓库相结合。不过，对于成熟的企业而言，它们往往采用两种结合的办法，即利用 SFA 软件包来管理销售周期，然后将其中的数据传给决策支持数据库，作为售前及售后销售数据和长期客户数据管理。同时，它们也往往会将这些销售数据和其他数据（如外部统计、账单、市场研究数据等）相结合，从而建立丰富的客户资料库。

小结

本章讨论了客户关系管理的基础知识，介绍了客户关系管理定义及其内涵；阐述了公共关系的定义及其两重涵义，分析了客户关系的基本类型和特征，提出了客户价值的定义及分析方法；探讨了客户体验设计理论与客户关系管理系统。

习题

1. 结合实际讨论客户关系管理产生的背景。
2. 谈谈你对客户关系管理定义的理解及认识。
3. 客户关系管理对企业有哪些积极的作用？试举例说明。
4. 什么是公共关系？结合实际讨论公共关系所具有状态和活动的两重含义。
5. 客户关系有哪些基本类型及其特征？企业如何选择客户关系类型？
6. 什么是客户价值？举例讨论如何应用价值客户分析方法和发掘过程。
7. 结合实际讨论如何设计客户网络体验。
8. CRM 软件系统常由哪几个部分组成？谈谈你对接触活动包含内容的理解及认识。试举例说明业务功能常包含哪些内容？数据仓库在 CRM 软件系统中的作用是什么？
9. 结合实际讨论 CRM 软件系统的技术功能主要指什么。

第11章 客户满意与客户忠诚

学习重点

- 客户满意的定义和内涵
- 客户满意度指数模型的构成
- 客户忠诚的定义和内涵
- 与客户忠诚相关的客户心理因素和购买行为
- 客户满意与客户忠诚的静态和动态关系
- 客户维系策略的组成及其作用

11.1　客户满意度指数模型

11.1.1　模型介绍

客户满意度指数（CSI）是由设在美国密西根大学商学院的国家质量研究中心和美国质量协会共同发起的。CSI 是站在用户的角度来评定产品或服务质量，运用计量经济模型计算出测评结果的一种科学的质量评定方法。迄今为止，全球有 22 个国家和地区设立了自己的研究机构，并开始逐步推出全部或部分行业的客户满意度指数（即顾客满意度指数）。

满意度指数测评模型包括 6 个潜在变量及其因果关系：

（1）预期质量，即消费者在购买该产品或服务前对其质量的预期。

（2）感知质量，即消费者购买和使用该产品或服务后对其质量的评价。

（3）感知价值，即消费者通过购买和使用该产品或服务，对其提供价值的感受。

（4）客户满意度，即消费者对该产品或服务的总体满意度。

（5）客户报怨，即消费者对该产品或服务不满的正式表示。

（6）客户忠诚度，即消费者继续选购该产品或服务的可能性。

这 6 个潜在变量的相互作用关系模型如图 11-1 所示。

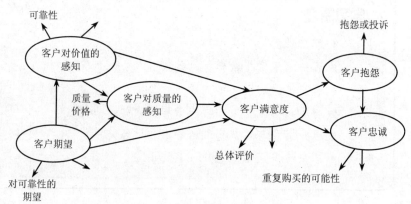

图 11-1　客户满意度指数（CSI）模型

客户满意度指数模型是基于这样一个理论：客户满意度同客户在接受服务前的期望和在接受服务中及接受服务后的感受有密切关系。此外，客户满意程度的高低将会导致两种基本结果：客户抱怨和客户忠诚。

CSI 模型使用的 6 个潜在变量中，每个潜在变量由若干观测变量来测量，其中客户期望、客户对质量的感知和客户对价值的感知是 3 个前提变量；客户满意度、客户抱怨、客户忠诚是 3 个结果变量，前提变量综合影响并决定着结果变量。

11.1.2　客户购买决策过程

客户购买决策过程是指客户从产生需求到购买和使用的整个过程的思维、行为和评判。通常客户购买决策过程大致需要经历以下 7 个阶段。

1．需求意识

客户购买行为是由其需求意识决定的，需求是人的一种潜意识，人一旦产生对某种产品或服务的需求意识，购买决策过程便由此开始。客户对产品或服务需求的产生是一种比较复杂的心理和意识过程，人们经过长期研究，初步形成了当代的需求结构理论。

2．信息搜集

客户对某种产品或服务的需求意识产生之后，就会对有关这种产品或服务的各种信息感兴趣，会通过媒体的广告、商品的展示、他人的推荐、本人的经历等多种途径去收集信息，为自己购买决策提供依据。

3．评估选择

客户将收集到的各种信息进行处理，包括对不同企业生产或提供的同类产品或服务进行互相对比、分析和评估。客户对收集到的信息进行对比、分析时，可能是反复进行的，尤其在需求属于价值较高的产品或服务的时候，往往要经过"货比三家"后才会做出谨慎的选择。客户的信息搜集和评估选择也都是围绕自己的需求意识进行的。

4．期望意识

人对某种事务的期望同自己的价值观念密切相关。客户一旦对某种产品做出选择，有关对这种产品的期望也就随之产生，此时客户希望自己的选择能满足自己的需求，即"如愿以偿"。

5．购买经历

客户购买决策过程在购买经历之前均属于思维范畴，购买经历的开始意味着客户开始为满足自己的需求和实现期望而付诸行动。处在这一阶段的客户开始了对产品或服务质量及对其价值的感受和体验的过程，同时也开始了将经历中的实际感受同事先的期望做比较的过程。此时如果令客户失望，就有可能导致客户的购买决策过程中止或夭折。

6．使用体验

当客户的购买经历完成之后，便急切地进入了对产品或服务的使用阶段。对客户购买决策过程而言，购买经历和使用体验是最重要的两个阶段，这两个阶段都属于客户检验其要求是否被满足的实际感受过程，直接影响客户对本次购买决策过程是否满意的最终评判。

7．价值评判

客户在经历前 6 个阶段后，就会对整个购买决策过程进行评价和判断，其评判的依据有两个方面：一是实际的感受；二是事先的期望。两者又受到客户价值取向的影响。客户将这两者对比后，就可以得出判断结论，客户满意度由此形成。

11.1.3　客户需求结构

20 世纪 70 年代，以 R.M.霍地·盖茨为代表的一大批现代市场营销学专家，提出了以硬件类商品为主的"客户需求结构"理论。客户需求结构由功能需求、形式需求、外延需求和价格需求等 4 大板块组合而成，如图 11-2 所示。

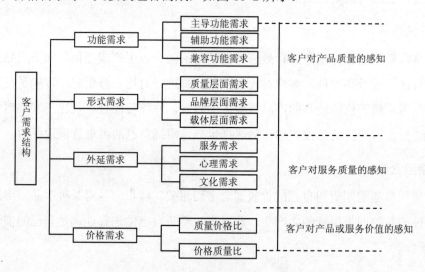

图 11-2　基于需求和期望的客户感知

1．功能需求

功能需求是指客户对产品的最基本的要求。客户对产品的功能需求又可以细分为主导功能需求、辅助功能需求和兼容功能需求。

2．形式需求

形式需求是指客户对产品实现功能的技术支持、物质载体以及表现形式的要求。客户对产品的形式需求可以分为质量、品牌和载体三个层面。

3．外延需求

外延需求是指客户对产品的功能需求和形式需求以外的附加利益的要求。客户对产品的外延需求主要表现在服务需求、心理需求和文化需求等方面。

4．价格需求

价格需求是指客户将产品的质量与价值进行比较后对价格的要求。在分析客户的价格需求时，应该从质量与价格两个方向进行。

11.1.4　客户期望

客户期望是客户在购买决策过程前期对其需求的产品或服务寄予的期待和希望。研究调查结果显示，在人们消费理念不很成熟的条件下，很多客户很难完整、确切的表达自己的期望。目前，国外学者提出从客户购买经历的不同情况来分析客户的不同期望的方法。

1．无经历的期望

无经历的期望指客户对某种产品或服务无购买经历时形成的期望。这种对某种产品或服务无购买决策过程的客户期望，通常是通过媒体的广告宣传、营销的展示和推广等途径而形成的。由于客户无亲身经历，故其对产品或服务在功能、形式、外延和价格等方面的需求不清晰、不明确，由此而形成的期望在购买决策过程中就会表现出不稳定性和不确定性，而客户就会犹豫不决、小心翼翼，缺乏自信和对他人的信任。

2．一次经历后的期望

对有了一次购买决策过程经历的客户来说，已经有了初次经历的感受和体验，当客户感到满意时，再次经历的可能性就会大大增加，还可以向朋友推荐；反之，当客户感到不满意时，再次经历的可能性就会大大降低，甚至会提醒或阻止其他朋友的购买。有一次经历后的客户，如果再次进行同样的经历需求，会形成事前的期待和希望，这种期望是建立在第一次经历时所感受和体验基础上的期望，期望值不会低于第一次经历前的期望，至少希望与第一次相同。企业服务这一类客户的时候，要将产品或服务的质量定位在"比第一次更好"的目标上。

3. 重复经历的期望

客户在同样购买决策过程的经历多次重复之后，其需求和期望已渐稳定。但同样的经历多次之后，客户会对这样的经历感觉很正常而不是"很满意"。因此，企业需要按标准来保证客户每一次经历后的感受超越其期望，将客户的每一次经历作为提高其满意度的机会，使老顾客真正成为企业的忠实客户。

11.1.5　客户对质量的感知

客户对质量的感知是指客户在购买和消费产品或服务的过程中对质量的实际感受和认知。如果说期望是事前产生的，那么感知便是事后形成的。客户对质量的感知虽然是客户对其购买决策过程主观上的判断，但是其判断的基础来自于实际经历的客观体验过程，其判断的依据就是客户在经历前的需求期望（见图 11-2）。

客户对质量的感知是客户满意度构成的核心变量，对客户满意度有直接的影响。客户对质量的感知可分为对产品质量的感知和对服务质量的感知。

1. 客户对产品质量的感知

从客户需求结构角度分析，客户对产品质量的感知是指客户在产品购买或消费过程中对产品的功能需求和形式需求方面满足程度的感受和认知。当客户不了解产品质量的各项技术指标和性能指标时，客户从自身出发，对产品功能和产品形式来感知产品质量。

客户对产品质量的感知是客户在购买产品后的使用过程经历中的实际感受和认知，这个过程也清楚地表明产品质量的最终评价者是使用产品的客户。

2. 客户对服务质量的感知

客户对服务质量的感知是指客户在产品购买和使用过程中对外延需求方面满足程度的感受和认知。通常，客户对服务质量的感知是由服务满足个人需求的程度、服务的可靠性和对服务质量的总体评价等三方面组成。

11.1.6　客户对价值的感知

客户对价值的感知是指客户在购买和消费产品或服务过程中，对所支付的费用和所达到的实际收益的体验。客户感知的价值，核心是价格，但不仅仅是价格。客户对价值的感知体现在四个方面：客户对总成本的感知，客户对总价值的感知，质量与价格之比的感知及价格与质量之比的感知。

1. 客户对总成本的感知

客户总成本是指客户为购买和消费产品或服务所耗费的时间、精神、体力以及所支付的货币资金等，包括货币成本、时间成本、精神成本和体力成本等。

1）货币成本

货币成本是指客户购买和消费产品或服务的全过程中所支付的全部货币，即寿命周期费用。客户在购买产品或接受服务时首先考虑的是货币成本的大小。货币成本是构成客户总成本大小的基本因素。

2）时间成本

时间成本是指客户在购买和消费产品或服务时所花费的时间。如客户在餐厅、酒店、银行消费时，通常需要等待一段时间才能进入到正式消费阶段，客户这种等候就产生了时间成本，等候时间成本越大，客户的时间成本就越高。在服务质量相同的情况下，客户等候消费的时间越短，购买该项服务所花费的时间成本也就越小，购买的总成本就越小。

3）精神成本

精神成本是指客户购买和消费产品或服务时，在精神方面的耗费和支出。客户在购买和使用产品或接受服务时，因为购物环境、服务态度、产品和服务功能等方面原因，容易产生忧虑、紧张和不舒服的感觉，造成了精神负担，因此产生客户精神成本。对无经历的陌生购买需要反复比较的选择性购买行为，客户要广泛全面的搜集信息，因此需要付出较多的精神成本。客户在产品使用过程中的运输、安装、维护等方面的问题也需要耗费精神，也会产生相应的精神成本。

4）体力成本

体力成本是指客户购买和消费产品或服务的过程中，在体力方面的耗费和支出，比如产品的搬运和拆卸等。

2. 客户对总价值的感知

客户总价值是指客户对购买和消费产品或服务时所获得的一组利益，主要由产品价值、服务价值、人员价值和形象价值构成。

1）产品价值

产品价值是指产品的功能、特性、品质、种类与款式等所产生的价值。产品价值是客户选购产品或服务的首要因素，是决定客户购买总价值大小的关键和主要因素。产品价值是由客户需求来决定的，不同客户对产品价值的要求会因为客户的个体差异而有所不同。

2）服务价值

服务价值是指企业为满足客户对产品或服务的外延需求提供的服务，包括产品介绍、送货、安装、调试、维修、技术培训等。

3）人员价值

人员价值是指企业员工的价值观念、职业道德、质量意识、知识水平、业务能力、工作效率，以及对客户需求的应变能力和服务水平等所产生的价值。如果企业的人员价值使产品或服务"增值"，就会令客户顺利完成其购买行为，并在使用过程中能继续得到满意的服务，产生满意的感知。

4）形象价值

形象价值是指企业及其产品或服务在社会公众中形成的总体形象所产生的价值。

11.1.7　客户满意度

客户满意（度）主要由理念满意、行为满意和视听满意三个要素构成。

1. 理念满意

理念满意是指客户对提供产品或服务企业的理念的要求被满足程度的感受。企业的理念包括：企业精神、经营宗旨、质量方针和目标、企业文化、管理哲学、价值取向、道德规范、发展战略等方面。企业的理念是企业对其自身的存在意义和发展目标的认识，企业的理念产生于企业的价值观，影响着企业的经营战略、管理原则和行为取向，集中反映了企业利益与客户乃至社会利益的关系。

理念满意是客户满意的基本条件，不仅要体现企业的核心价值观，而且要让企业的价值观能得到内部与外部所有客户的认同直至满意。

2. 行为满意

企业的行为满意是指客户对提供产品或服务企业经营上的行为机制、行为规则和行为模式上的要求被满足程度的感受。行为是理念的具体体现，再好的理念如不能通过行为去兑现，就只能是一句空洞的口号而已。虽然企业的理念满意是客户满意的基本条件，但是并不意味着是主要条件。因为客户满意主要来自对企业具体行为的要求被满足程度的感受和体验。企业的理念再诱人，如果与其行为的距离很远，客户非但没有丝毫满意的感觉，反而会深深感到被欺骗和愚弄，从而产生很大的失望和不满。所以，企业在努力实现理念满意的同时，要更多地去关注自己在理念支持下的行为如何满足客户的要求，只有言行一致才能获得客户真正的信任和满意。

3．视听满意

视听满意是指客户对企业的各种形象要求在视觉、听觉上被满足程度的感受。视听满意可以使企业的理念满意和行为满意的各种信息传达给客户，让客户通过视觉和听觉直接去感受。视听满意有 4 个主要特征：强烈的个性、丰富的美感、鲜明的主题和时代的特征。

11.1.8　客户抱怨

客户对其要求已被满足程度的感受越差，则客户越不满意，越容易产生抱怨，甚至是投诉。这就是客户满意度指数模型中的客户抱怨。

1．客户不满意的反应

当客户感到不满意时，就会做出各种反应，包括抱怨和投诉（见图 11-3）。

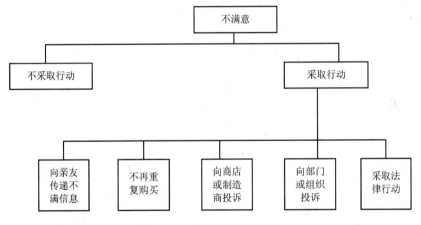

图 11-3　客户不满意的反应

客户不满意但未采取任何行动，意味着其认为虽然感受不满意，但还是可以容忍这种不满意的状况。不满意客户是否容忍，取决于购买经历对客户的重要程度，购买商品的价值高低和采取行动的难易程度。一般在购买或消费小额产品或服务时，客户往往不采取投诉或法律行动。

客户因不满意而采取积极行动，对客户来说可以使不满意的因素化解进而感到满意。对企业来说可以在得到客户不满意反应后立即采取补救性措施，变不利为有利。但现实生活中有相当部分不满意的客户因为容忍等原因而未采取行动，或因不方便等原因采取消极行为，这种状况对客户和厂家都会产生不利的负面影响。

2．客户抱怨或投诉带来的影响和危害

日本在一项对 540 位客户共 1 037 起反应不满意的购买经历所做的调查显示：在不满意的购买经历中，有 25%导致了购买其他品牌的产品；19%引起客户停止购买原来的产品；13%使客户再次光顾原商店时进行了仔细的审查；3%的客户向生产商投诉；5%的客户向零售商投诉；35%的客户退货。

3．客户抱怨的主要原因

引起客户不满和抱怨的原因主要是客户对产品或服务质量的实际感受未能符合原先的期望。导致客户抱怨的因素多种多样，主要可以归纳为产品问题和服务问题。

1）产品问题

产品问题的产生，责任一般分为三种：生产者的责任、销售者的责任和客户的责任（使用不当）。产品的生产者对产品问题负有不可推卸的责任，产品无论是在保质期之内还是之外，生产者都有责任为客户解决产品问题。产品的销售者对销售的产品出现的问题同样应负有责任，很多国家的法律规定了销售者对产品责任的"先行负责制"。

2）服务问题

通常，提供服务者是产生服务问题的主要责任者。因为服务问题较为普遍的表现是服务提供者未履行对客户的承诺；未按法律法规和行业规范的有关规定和要求提供服务。服务问题产生于服务过程，因此提供服务者应该在服务过程中及时妥善地解决引发的抱怨。

4．抱怨的化解

企业要想抓住抱怨客户提供的机会，变坏事为好事，则需要运用一定的处理和化解抱怨的技巧。研究显示，当客户的抱怨获得公司适当处理时，客户对公司的忠诚度会不减反增。今日管理杂志（Management Today）建议，公司将客户抱怨化负面为正面的几个做法：① 正视客户抱怨；② 记录客户抱怨；③ 赋予员工权力，全权处理不严重的客户抱怨，处理的方式包括退费、换货、小额赔偿等；④ 设定预期；⑤ 从中学得教训；⑥ 将经验教训推广到其他的相关部门。

11.2　客户满意度指数测评体系

11.2.1　测评指标体系的组成

客户满意度指数测评体系的构成分为 4 个层次："客户满意度指数"是总的测评目标，为一级指标，即第一层次；客户满意度指数模型中的客户期望、客户对质量的感知、客户对价值的感知、客户满意度、客户抱怨和客户忠诚等 6 大要素作为二级指标；根据不同产品、服务、企业或者行业特点，可将 6 大要素展开为具体的三级指标；三级指标可以展开为问卷上的问题，就形成了四级指标（见表 11-1 和图 11-4）。

表 11-1　客户满意度指数测评的二、三级指标

二　级　指　标	三　级　指　标
客户期望	客户对产品或服务质量总体期望
	客户对产品或服务满足需求程度的期望
	客户对产品或服务质量可靠性的期望
客户对质量的感知	客户对产品或服务质量的总体评价
	客户对产品或服务质量满足需求程度的评价
	客户对产品或服务质量可靠性的评价
客户对价值的感知	给定价格条件下客户对质量级别的评价
	给定质量条件下客户对价格级别的评价
	客户对总价值的感知
客户满意度	总体满意度
	感知与期望的比较
客户抱怨	客户抱怨
	客户投诉情况
客户忠诚	重复购买的可能性
	能承受的涨价幅度
	能抵制的竞争对手降价幅度

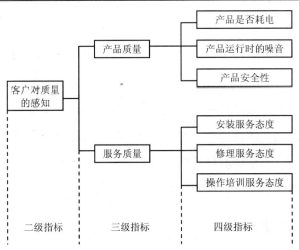

图 11-4　测评指标体系的四级指标

11.2.2　测评指标的量化

1. 态度和态度测量

在态度测量的研究中，"态度"主要有 3 方面的含义：对某事务的了解和认识、对某

事务的偏好、对未来行为或状态的预期和意向。测量是指根据预先确定的规则，用一些数字或符号来代表某个事务的特征或属性。

通过直接询问来了解客户态度是困难的。客户难于理清自己对产品或服务的态度，或者无法用语言或文字去准确表达。观察法也不是衡量态度的有效方法，因为观察到的外在行为常常不能代表真实的态度。

量表的设计包括两步：第一步是赋值，根据设定的规则，对不同的态度特性赋予不同的数值；第二步是定位，将这些数字排列或组成一个序列，根据受访者的不同态度，将其在这一序列上进行定位。

2．李克特量表

客户满意度指数测评指标主要采用态度量化方法。一般用李克特量表，即分别对 5 级态度"很满意、满意、一般、不满意、很不满意"赋予"5，4，3，2，1"的值（或相反顺序）。让被访者打分，或直接在相应位置打勾或划圈。表 11-2 是用李克特量表测评顾客对某产品质量满意程度的实例。

表 11-2　李克特量表测评实例

测评指标	很满意	满意	一般	不满意	很不满意
产品包装	□	□	□	□	□
产品外观	□	□	□	□	□
稳定性	□	□	□	□	□
耐用性	□	□	□	□	□
安全性	□	□	□	□	□

有时候我们会遇到许多定量的测评指标，而这些指标又不能直接用于李克特量表。为方便数据信息的搜集和统计分析，必须将这些指标转化成李克特量表所要求的测评指标。其转化的方法是：将指标的量值恰当地划分为 5 个区间，每个区间对应于李克特量表的 5 个赋值，这样就实现了指标的转化。

11.2.3　测评指标权重的确定

客户满意度指数测评指标体系反映测评对象的质量水平状况和特征，而每一测评指标的变化对客户满意指数变化的影响程度是有所不同的。反映影响程度的重要性尺度是权重，权重的确定与分配是测评指标体系设计中非常关键的一个步骤，对于能否客观、真实地反映客户满意度指数起着至关重要的作用。

权重的设定方法主要有主观赋权法、客观赋权法、直接比较法和对偶比较法。

1. 主观赋权法

客户满意度指数测评指标体系选定后，测评人员可以根据自己的知识和经验，直接、主观地赋予各项指标的权重。当然，这种主观赋权法并不是随意设想的，选定的测评人员应该具备丰富的理论知识和长期的时间经验。

2. 客观赋权法

客观赋权法与主观赋权法不同，不由测评人员赋予指标权重，而是根据调查所得的数据，通过相互比较后客观地确定各项指标的权重。

3. 直接比较法

以同级指标集内重要程度最小的指标作为基础，其他指标与之比较，做出是其多少倍的重要程度的判断，然后逐一分析，得出各指标的权重。计算方法如表 11-3 所示。

表 11-3　直接比较法

测 评 指 标	重要程度最小	比 较 倍 数	权　　重
特性		1.5	1.5/7=0.21
经济性	1		1/7=0.14
可信性		2.0	2/7=0.29
安全性		2.5	2.5/7=0.36
合计	7		1.00

由上表可知，产品的测评指标中特性的权重为 0.21，经济性权重为 0.14，可信性权重为 0.29，安全性权重为 0.36。

4. 对偶比较法

将重要程度分为非常重要、重要、比较重要和不重要 4 级，把所有要比较的指标配成对，然后一对一地对指标的某一特征进行比较，做出重要程度的判断：

（1）当 A 与 B 比较时，A 非常重要，B 不重要，则 A=4，B=0。

（2）当 A 与 B 比较时，A 重要，B 比较重要，则 A=3，B=1。

（3）当 A 与 B 比较时，A 与 B 同样重要，则 A=B=2。

对偶比较法的实例如表 11-4 所示。

表 11-4　对偶比较法

测评指标	产品性能	售前服务	售中服务	售后服务	价格	合计	权　　重
产品性能		2	3	3	3	11	11/40=0.275
售前服务	2		2	2	3	9	9/40=0.225

测评指标	产品性能	售前服务	售中服务	售后服务	价格	合计	权　　重
售中服务	1	2		2	2	7	7/40=0.175
售后服务	1	2	2		2	7	7/40=0.175
价格	1	1	2	2		6	6/40=0.150
合计	5	7	9	9	10	40	1.00

11.2.4 建立测评指标体系的步骤

1. 确定被测评对象

客户可以是企业外部的客户，也可以是内部的客户。如何识别和确定客户，如表 11-5 所示。

表 11-5 识别和确定客户

组织的内部客户	组织的外部客户
组织内部的受益者（全体员工）	组织外部的受益者
上下级关系客户	供应商
平行职能关系客户	投资者
流程关系客户（前后的过程或上下道工序关系）	经销者
	消费者
	最终使用者

对外部客户可以按照社会人口特征（性别、年龄、文化程度、职业、居住地等）、消费行为特征（即心理和行为特征）、购买经历来分类。

所以应该先确定要调查的客户群体，以便针对性地设计问卷。

2. 抽样设计

一般进行随机抽样，可根据企业实际情况选用简单随机抽样、分层抽样、整群抽样、多级抽样、等距抽样和多级混合抽样等不同的抽样方法。较常用的是简单随机抽样，它是各种抽样方法的基础。

3. 问卷设计

按照已经建立的客户满意度指数测评指标体系，把三级指标展开，形成问卷上的问题。问卷设计是整个测评工作中关键的环节，测评结果是否准确、有效，很大程度上取决于此。

11.3　客户忠诚分析

伴随着客户满意理论的应用与发展，西方企业界投入了大量的资源来追踪和度量客户满意。然而，许多实践和理论研究发现，客户满意并不等于客户忠诚，在企业实践中，许多行业存在严重的"客户满意悖论"现象，即宣称满意或者很满意的客户出现大量的流失。后来许多学者的研究表明，客户满意是决定客户重复购买意向的重要因素，但不是唯一因素，如果企业在制定和实施市场营销策略的时候仅仅有客户满意管理的思想，将无法有效地维持客户的重复购买行为。因此，使客户满意进一步发展到客户忠诚便成为企业工作的重点。

11.3.1　客户忠诚的概念理解

客户忠诚的研究起源于西方。在商业领域，对忠诚概念的引入可以追溯到 Copeland（1923）和 Churchill（1942）的研究，从那时起，学者们对客户忠诚进行了大量的探讨。

但真正意义上对客户忠诚的研究是随着服务经济的崛起而逐渐兴起的，其发端于对客户行为的测试研究，研究结果认为高频度的购买即是客户忠诚。但单纯的行为取向难以揭示忠诚的产生、发展和变化，高度重复的购买行为可能并非基于某种偏好意向，而是由于形成转换障碍的各种约束存在，低度重复的购买也可能是由于情景因素或随机因素的作用。有人开始用态度取向对客户忠诚的行为研究进行修正，认为态度取向代表了客户对该项服务倾向的程度，反映了将该项服务作为首选服务并积极推荐的承诺，真正的客户忠诚应该是伴随着较高的态度取向的重复购买行为。

Jacoby 和 Chestnut 通过对 300 篇相关文献的系统整理发现，对客户忠诚的理解多达 50 个不同观点，但归纳起来不外乎两种基本方法：行为方法与态度方法。从行为角度看，客户忠诚被定义为对产品或服务所承诺的重复购买的一种行为，这种形式的忠诚可以通过购买份额、购买频率等指标来测量；基于态度的观点把客户忠诚视为对产品和服务的一种偏好和依赖，这种观点认为除了要考虑客户的实际购买行为，还需要分析客户的潜在态度和偏好，测量指标有购买意愿、偏好程度。根据以上文献对客户忠诚的定义，我们认为客户忠诚是内在态度和外在行为的统一，是客户长期以来所形成的对某一产品或服务的一种偏好，是客户态度忠诚和行为忠诚的有机结合。

11.3.2　客户忠诚的分类

1. Dick& Basu 的分类

在试图提供一个较为综合性的客户忠诚分析框架中，Dick&Basu（1994）提出了一个基于客户重复购买意向和重复购买行为的理论框架。这个理论框架考虑了客户态度形成的直接原因和可能对客户态度或者客户行为产生调节作用的相关要素。

他们把不同形态的客户态度取向和重复购买行为结合起来。将客户忠诚细分为 4 种不同的状态：不忠减、虚假忠诚、潜在忠诚和持续忠诚。显然，对企业真正产生意义的客户忠诚应该是持续忠诚。因此，企业所进行的一切活动、所采取的一切客户关系管理策略，都是为了将不忠诚的、虚假忠诚的和潜在忠诚的客户转变为持续忠诚的客户，以实现企业的预期发展目标。

2. Jones& Sasser 的分类

Jones&Sasser（1995）从客户满意与客户忠诚的关系角度提出一个客户忠诚的直觉化分类。客户被划分为 4 种类型：忠诚者/传道者（高满意度-高忠诚度），背叛者/恐怖分子（低满意度-低忠诚度），唯利是图者（高满意度-低忠诚度）和人质客户（低满意度-高忠诚度）。

Jones＆Sasser 的客户忠诚分类方法隐含地揭示了在企业市场营销实践中客户满意与客户忠诚之间的内在联系，说明了满意的客户不一定忠诚，忠诚的客户不一定满意。在这种情况下，企业可以根据客户忠诚度和客户满意度的实际高低状况，制定与实施相应的关系营销策略来管理客户忠诚。

3. Cremler& Brown 的分类

Cremler＆Brown（1996）将客户忠诚划分为行为忠诚、意向忠诚和情感忠诚三种类型，以帮助人们理解它的含义。行为忠诚是客户实际表现出来的重复购买行为；意向忠诚是客户在未来可能购买的意向；而情感忠诚则是客户对企业及其产品的态度，其中包括客户积极地对其周围人士宣扬企业的产品。由行为、意向和情感三方面组成的客户忠诚，着重于对客户行为趋向的评价。

11.3.3　客户忠诚的类型分析

客户忠诚常有如下几种：

（1）垄断忠诚：指客户别无选择。常指企业是垄断经营。客户的特征是低依恋、高重复购买。

（2）惰性忠诚：指客户由于惰性而不愿意去寻找其他的供应商。客户的特点是低依恋、高重复购买。

（3）价格忠诚：指客户忠诚于提供最低价格的零售商。客户的特点是对价格敏感，低依恋、低重复购买。

（4）激励忠诚：当企业优奖励活动的时候，会来购买；当活动结束，就会转向其他奖励或有更多奖励的公司。客户的特点是低依恋、高重复购买。

（5）超值忠诚：指对企业高依恋、高重复购买的客户。此类客户对企业最有价值。

11.3.4　超值客户的行为

通过分析各种客户忠诚，可知对于一个企业来说，超值忠诚客户是最重要的。下面通过分析超值忠诚客户的行为，从中了解客户忠诚的主要成分。

超值忠诚客户除了高重复购买外，他们还非常愿意为企业进行正面的口头宣传，给企业带来推荐效益；他们对价格的敏感性较低；客户会增加钱包份额；更倾向购买企业的其他产品等。从上述行为可以看出客户的忠诚体现在以下几点：

（1）客户关系的持久性，表现在时间和联系的持续性。

（2）客户花在企业的消费金额提高，表现在增加钱包份额，增加交叉销售。

（3）客户对企业有很深的感情，非常愿意购买企业的产品，自觉地为企业作正面宣传，不会总是等到打折时才购买，对企业的满意度很高。

超值忠诚的这些体现可以为企业带来诸多利益：

1．为企业带来利润

忠诚的顾客首先会继续购买或接受企业的产品或服务，而且愿意为优质的产品和一流的服务支付较高的价格，从而增加企业的销售收入和利润总额。

2．利用口碑宣传企业

忠诚的顾客往往会把自己愉快的消费经历和体验直接或间接、有意或无意地传达给周围的亲朋好友、左邻右舍和同事等，无形中他们成了企业免费的广告宣传员。

3．示范作用

忠诚顾客一经形成，对企业的现实顾客与潜在顾客的消费心理和消费行为提供了选择的模式，而且可以激发其仿效欲望，使其消费行为趋于一致。

4．降低企业成本

忠诚的顾客通过重复购买、宣传介绍、称赞推荐等方式可以使企业减少促销费用开支，降低经营与管理成本。

5．降低经营风险

依据 80/20 法则，一个企业 80% 的利润来源于 20% 的顾客。在市场竞争日益激烈的今天，拥有并扩大忠诚顾客群，将使企业经营风险大大降低。

11.3.5　客户忠诚的成分

从客户忠诚的界定可以发现，客户忠诚包含两种成分，情感成分和行为成分。

1．客户忠诚的情感成分

客户忠诚的情感成分主要表现在客户对企业的理念、行为和形象等诸方面的高度满意、信任、认同和支持。忠诚客户对企业的这种情感，可以容忍企业在某一次行为上的偶然失误，却很难容忍旁人对企业的指责，特别是当企业竞争对手的产品或服务的价格要低于本企业的时候，或者企业推出新产品的价格略高的时候，忠诚客户会毫不动摇，表现出特有的、强烈的情感倾向。

2．客户忠诚的行为成分

客户忠诚的行为成分主要表现在自己只要有机会就会重复购买企业的产品或服务；只要有机会就会向他人推荐企业的产品或服务。当别人向他推荐另一个企业的产品或服务时，不但会拒绝接受，并且还会毫无顾忌地表示"我向你推荐的是最好的"的想法。

客户忠诚的情感成分决定其行为成分，所以，界定忠诚客户既要关注客户的重复购买行为或意向，更要分析客户对企业整体理念、行为、形象上的态度。

11.3.6　客户忠诚度指标体系

从分析客户忠诚行为，可确定客户忠诚度的指标体系中的相关因素为 3 类，每类有 3 个子系统，共 9 个因素，如图 11-5 所示。

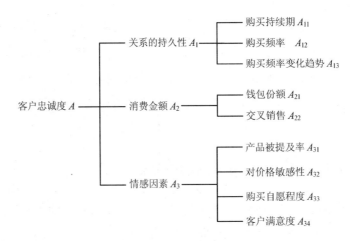

图 11-5　客户忠诚度的指标体系

11.3.7　客户满意与客户忠诚关系的静态分析

从市场营销的角度来讲，客户满意或不满意心理形成的根源在于客户感知产品/服务质量，即产品/服务质量决定客户满意度，客户满意度则部分地决定客户忠诚。

理论上，客户感知产品/服务质量水平会导致客户三种心理状态，即不满意、满意和愉悦。如果客户感知不及客户期望，客户会不满意；如果客户感知与客户期望相称，客户会满意；如果客户感知超过客户期望，客户会十分满意、高兴或者愉悦。假设客户期望的产品/服务质量为 q_0，实际接受的产品/服务质量（客户感知）为 q_1，则客户感知服务质量与客户满意、客户忠诚之间的关系如表 11-6 所示。

表 11-6　客户感知服务质量与客户满意、客户忠诚的关系

分　　类	描　　述	满　意　度	忠　诚　度
$q_1 \gg q_0$	优质服务质量	客户愉悦	不确定
$q_1 > q_0$	优良的服务质量	客户满意	不确定
$q_1 = q_0$	可接受的服务质量	客户满意	不确定
$q_1 < q_0$	难以接受的服务质量	客户不满意	不确定

从表 11-6 中可以看出，$q_1 > q_0$ 和 $q_1 = q_0$。都可以导致客户满意的心理。但究竟哪一种心理状态可以影响客户，使其建立起客户忠诚，仅仅从这个表格中，还无法做出结论性判断。例如，客户不满意是否一定不忠诚？客户满意能否导致客户忠诚？客户愉悦是不是就一定带来客户忠诚的结果？仅举一个例子：在银行业，尽管忠诚的客户对企业服务感到不满意，但仍有 75% 的客户依然会忠诚于为他们提供服务的银行。

在现实生活中，满意的客户不一定忠诚，忠诚的客户也不一定满意。Frederick

Reichheld 的一项调查发现：在美国，声称对公司产品满意甚至十分满意的客户中，有 65%～85%的客户会转向其他公司的产品。其中，汽车业 85%～90%满意的客户中，再次购买的比例只有 40%，而餐饮业中，品牌转换者的比例则是高达 60%～65%。对这些问题的解释，静态分析方法已经无能为力了，必须采用动态的分析方法，通过对客户满意与客户忠诚的动态关系分析来得出比较科学的结论。

11.3.8　客户满意与客户忠诚关系的动态分析

设客户忠诚度为 L（Loyalty），客户满意度为 S（Satisfaction），约束条件为 O（Occasion Factors），则客户忠诚与客户满意之间的关系可以用式（11-1）来表示

$$L = O \cdot f(S) \tag{11-1}$$

当不存在约束条件，即 $O = 0$ 时（这是一种研究需要的假设，事实上并不存在），式（11-1）变成如下所示

$$L = f(S) \tag{11-2}$$

因此，根据约束条件的存在与否，可以把客户满意与客户忠诚的关系分成两种情况来加以讨论。

1．无随机因素情况下的客户满意与忠诚的关系

在无随机因素的情况下，$L = f(S)$，即客户忠诚是客户满意的函数，这里所说的客户满意指的是超越客户期望的满意，即愉悦，其水平应当处于容忍区域渴望的产品/服务水平之上。只有当客户感知产品/服务质量优异，客户非常满意的情况下，客户才能再次消费，并保持忠诚。原因非常简单：在客户感知产品/服务质量与客户满意之间存在着所谓的"质量不敏感区域"。无随机因素情况下的客户满意与忠诚关系曲线如图 11-6 所示。

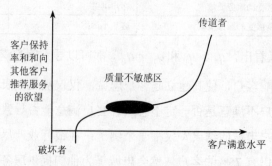

图 11-6　无随机因素情况下的客户满意与客户忠诚关系

从图 11-6 中可以看出，客户满意水平与客户保持率及向其他客户推荐所接受过的产品/服务的程度（客户忠诚度）之间并不总是强相关关系。在质量不敏感区域，客户满意水平尽管较高，但客户并不一定再次接受企业的服务，也没有向家人、朋友或他人推荐所接受服务的愿望。只有当客户满意水平非常高时，客户忠诚现象才会出现，良好的口碑效应也才得以产生。在质量不敏感区域的下部为客户中的破坏者，而上部则是所谓的传道者。

2. 存在随机因素情况下的客户满意与忠诚的关系

正如前面所说的：满意不一定忠诚，而不满意也不一定不忠诚。也许听起来似乎不符合情理，但这个问题解释起来并不困难。因为在随机因素情况存在的情况下（绝大多数情况如此），由式（11-1）可以看出，客户忠诚不但取决于产品/服务质量水平，还取决于随机因素的影响。

这里所说的随机因素主要指企业无法控制的影响客户感知产品/服务质量和客户忠诚的因素。主要包括约束问题、服务补救问题、竞争对手价格和其他诱惑。

1）约束对客户忠诚的影响

约束与客户忠诚是一种正相关的关系，即产品/服务提供者与客户之间约束条件越多，则客户对产品/服务提供者的忠诚度就越高，这种忠诚与客户感知产品/服务质量没有任何联系。

所谓的约束（Bonds）是指在企业与客户关系链中，存在着许多法律或其他强制性的要素，包括法律约束、技术约束、地理约束、知识约束及其他约束等，使得客户尽管并不愿意与企业建立关系，但却无法离开企业。如果这些约束被解除，客户流失的概率会很高。约束与行业垄断程度的关联度很高，即行业垄断可以形成客户与服务提供者之间的约束，约束反过来会更加强化服务提供者的垄断地位。

技术约束对强化产品/服务提供者与客户的关系也起着非常重要的作用。技术约束可以起到增加客户转换成本、形成转换障碍的作用。例如，美国微软公司视窗操作系统与 IE 浏览器的捆绑销售便属于此类。

2）服务补救对客户忠诚的影响

在静态分析中所说的客户高度满意（愉悦）指的是客户总的感知产品/服务质量，而不是每项活动、每一个情节的客户感知产品/服务质量。在很多情况下，客户总的感知可能是良好的，但某些服务接触或"关键时刻"的感知却不一定是良好的，甚至有可能存在服务失误。但是，由于采取了服务补救措施，从而使得客户总的感知达到了良好的状态。但客户经过服务补救所形成的心理变化，学术界却一直没有进行过详尽的探讨。

一般来说，服务补救的效果取决于客户投入的程度。客户投入可以分成三类：客户本身的投入（如治疗过程中客户身体的投入）、客户所有物的投入（邮寄服务中的包裹）和客户信息的投入（如向经纪人提供自己的财务信息）。客户投入的程度越高，投入的"价值"越大，服务补救的效果就会越差，从而服务补救对客户心理和以后购买行为（忠诚）的影响也就越大。

3）竞争对手价格或其他方面的诱惑

竞争对手价格或其他方面的诱惑也会对客户忠诚形成强烈的冲击作用。由于服务的无形性特征，客户必须亲身体验后才能对服务提供者的服务质量做出评价，所以，服务产品的价格诱惑作用比有形产品要大得多。一旦竞争对手推出的价格更有诱惑力，客户很有可能就会转投到竞争对手的"怀抱"。

从上面的分析可以看出，产品/服务质量决定了客户满意，但客户满意却不一定必然导致客户忠诚。种类繁多的随机因素的存在，无疑加大了产品/服务提供者培养客户忠诚的难度。但对于企业来说，没有客户忠诚，就不会有企业长久的竞争力，这是不容置疑的事实。

11.4　客户关系维系

客户是企业生存和发展的基础，市场竞争的实质就是夺取更多的客户资源。《哈佛商业评论》的一项研究报告指出：再次光临的客户可带来 25%～85%的利润，而吸引他们的主要原因是服务质量，其次是产品，最后才是价格。维系现有客户（Customer Retention），保持客户忠诚度是 CRM 营销策略成功实施的关键。

11.4.1　"漏斗"原理

在以往的企业营销活动中，有相当一部分企业只重视吸引新客户，而忽视保持现有客户。这可以用"漏斗"原理来解释。由于企业将管理重心置于售前和售中，造成售后服务中存在的诸多问题得不到及时解决，现有客户大量流失。企业为保持销售额，必须不断补充"新客户"，如此不断循环。企业可以在一周内失去 100 个客户，同时又得到另外 100 个客户，表面上看销售业绩没受到任何影响，而实际上，争取这些新客户的成本显然要比保持老客户昂贵得多。从客户赢利的角度考虑，是非常不经济的。按照"漏斗"原理的模式来经营的企业，如果说是卖方市场，还不至于出现大的问题，但在竞争激烈的买方市场上却会举步维艰。

11.4.2　客户维系的作用

客户资源已经成为企业利润的源泉：一个企业只要多维系 5% 的客户，则利润可有显著的增加。因为现有客户购买量大，消费行为可预测，服务成本较低，对价格也不如新客户敏感，而且还能提供免费的口碑宣传。维护客户忠诚度，使得竞争对手无法争夺这部分市场份额，同时还能保持企业员工队伍的稳定。客户维系可以给企业带来如下好处。

1．从现有客户中获取更多客户份额

企业由于着眼于和客户发展长期的互惠互利的合作关系，提高了相当一部分现有客户对企业的忠诚度。忠诚的客户愿意更多地购买企业的产品和服务，忠诚客户的消费，其支出是随意消费支出的两到四倍。而且，随着忠诚客户年龄的增长、经济收入的提高或客户企业本身业务的增长，其需求量也将进一步增长。

2．减少销售成本

企业吸引新客户需要大量的费用，如各种广告投入、促销费用以及了解客户的时间成本等。但维持与现有客户的长期关系的成本却逐年递减。虽然在建立关系的早期，客户可能会对企业提供的产品或服务有较多的问题，需要企业做出一定的投入，但随着双方关系的深入，客户对企业的产品或服务越来越熟悉，企业也十分清楚客户的特殊要求，所需的关系维护费用就变得十分有限了。

3．赢得口碑宣传

对企业提供的某些较为复杂的产品和服务，新客户在做购买决策时会感觉有较大的风险，这时他们往往会咨询企业的现有客户。而具有较高满意度和忠诚度的老客户的建议往往具有决定性作用，老客户的有力推荐往往比各种形式的广告更为奏效。这样，企业既节省了吸引新客户的销售成本，又增加了销售收入，提高了企业的利润。

4．员工忠诚度的提高

这是客户维系策略的间接效果。如果一个企业拥有相当数量的稳定客户群，也会使企业与员工形成长期和谐的关系。在为那些满意和忠诚的客户提供服务的过程中，员工体会到自身价值的实现，而员工满意度的提高将导致客户服务质量的提高，使客户满意度进一步提高，形成一个良性循环。客户维系策略对员工忠诚度的影响如图 11-7 所示。

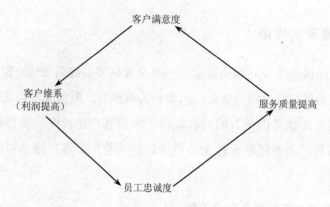

图 11-7 客户维系策略对员工忠诚度的影响

11.4.3 客户维系策略的组成

1. 提高客户保持率

提高客户保持率的关键是通过确定客户愿意与企业建立关系的本质和内容，加强客户与企业关系中重要的方面。例如，考察一位光顾特殊服装商店的客户，她认为特殊赞赏和特殊对待活动有价值，而对价格根本就没有敏感性。这时可以采用"指定某位店员为她服务，这位店员知道她的尺寸和品位，当有新品到货时会与她联系。"，这种活动比"在特定日子里全场给予15%的折扣"更能维持与她的关系。

2. 分析客户的转换成本

客户转换成本是指如果客户转到竞争对手那儿购买，他必须放弃什么？

企业需要评估忠诚回报活动是企业的优秀客户是否十分重要。如果重要，那么企业就需要开发这种活动，从而降低优秀客户受到竞争对手诱惑的可能性。如果客户认为转换成本高，那么忠诚回报活动就能提高客户维系的可能性和提高企业的盈利能力；但是如果客户认为转换成本不高，那么高费用的忠诚活动只能成为企业换取短期市场份额提升的应急之举，常常会使企业陷入囚徒困境的两难境地。

3. 实施特殊赞赏活动

企业需要确定是否面临为优秀客户开发和实施特殊赞赏和特殊对待活动的挑战。如果客户希望受到关心和赞赏，那么特殊赞赏活动就能提升客户保持率。奖励活动通常蜕化成价格折扣或返回的一种替代形式（如航空公司对经常性旅客回报活动中的回程票）。然而，企业的优秀客户通常认为其他形式的利益比金钱回报更有价值。例如，特殊赞赏和特殊对待活动给予客户"铂金"等级待遇（如可提前登机，检票时直呼客户姓名），客户认为这比类似奖励飞行里程券或升级至头等舱等回报方式要有价值得多。

4．加强与客户的情感联系

深入开展营销研究，了解客户爱好和情感联系，了解如何向客户提供与情感联系相关的利益。通过加强客户与企业的情感联系，可产生口碑推荐的附加利益，并进一步提升客户保持率。

5．组织团体活动

在实施团队之前，企业需要确定客户是否认为团队活动有意义，分析企业是否有明显的"品牌个性"。若有，可考虑组织团体活动。成功的团体活动能提高客户的转换成本。

6．建立学习关系

实现知识学习活动之前，企业需要确认客户同意使用客户信息来与企业建立个性化的关系。利用获得的客户信息，可建立学习关系，向客户提供个性化利益。当客户发现与其他企业建立关系的成本很高时，学习活动通常能提升"客户粘性"。

11.4.4　客户维系策略的层次

Leonard Berry 和 A．Parasrarran 提出了客户维系策略的三个层次，无论在哪一层次上实施客户维系策略，都可以建立不同程度上的企业与客户间的关系，同时也意味着为客户提供不同的个性化服务。

1．第一层次

主要利用价格刺激来增加客户关系的财务利益。在这一层次，客户乐于和企业建立关系的原因是希望得到优惠或特殊的照顾。如：酒店对常客提供高级住宿；航空公司可以倡导给予经常性旅客以奖励；超市对老客户实行折扣退款等。尽管这些奖励计划能改变客户偏好，但却容易被竞争对手模仿，因此不能长久保持与客户的关系优势。建立客户关系不应该是企业单方面的事情，企业应该采取有效措施使客户主动与企业建立关系。

2．第二层次

既增加财务利益，又增加社会利益，而社会利益优先于财务利益。企业员工可以通过了解单个客户的需求，使服务个性化和人性化，以增加企业和客户的社会性联系。如在保险业中，与客户保持频繁联系以了解其需求的变化，逢年过节送一些卡片之类的小礼物以及共享一些私人信息，都会增加此客户留在该保险公司的可能性。

信息技术能够帮助企业建立与客户的联系：企业及其分支机构通过共享个性化客户

信息数据库系统，能够预测客户的需求并提供个性化的服务，而且信息能够及时更新。无论客户走到哪里，都能够享受特殊的服务。这样，客户与整个企业（包括分支机构）建立了社会性的联系，其意义远比财务上的联系重要。

另外，社会性关系还受到文化差异的影响，长久的关系是亚洲文化中不可或缺的部分，这与美国人过于强调时间和速度形成了鲜明对照。在北美，培养客户关系主要在于发展产品、价格和运输方面的优势；而在亚洲，虽然上述因素不可忽视，但业务往来中非经济因素占据了主导，培养营销人员和客户间彼此信赖和尊重的关系显得尤为重要。需要强调的是，在产品或服务基本同质的情况下，社会关系能减少客户"跳槽"现象的发生，但他并不能帮助企业克服高价产品或劣质服务。

3．第三层次

他在增加财务利益和社会利益的基础上，附加了更深层次的结构性联系。所谓结构性联系即提供以技术为基础的客户化服务，这类服务通常被设计成一个传递系统。如企业可以为客户提供特定的设备或网络系统，以帮助客户管理订货、付款、存款等业务，而竞争者要开发类似的系统需要花上几年时间，因此不易模仿。良好的结构性联系为双方提供了一个非价格动力，并且提高了客户转换供应商的成本，同时还会吸引竞争者的客户，从而增加企业收益。

 小结

本章讨论了客户满意和客户忠诚，重点研究了客户满意度指数模型的构成，探讨了对客户忠诚定义的理解，分析了与客户忠诚有关的客户心理因素和购买行为；分别进行了两者之间关系的静态和动态分析；阐述了客户维系策略的组成。

 习题

1．谈谈你对客户满意定义的理解及认识。
2．客户满意度指数测评模型包括哪些潜在变量及其因果关系？试举例说明。
3．谈谈你对客户忠诚定义的理解及认识。
4．结合自身体会分析与客户忠诚有关的客户心理因素和购买行为。
5．结合实际分别进行客户满意与客户忠诚关系的静态和动态分析。
6．试讨论客户维系策略的组成，举例说明客户维系策略的作用。

第12章 客户模型规划

学习重点

- 客户行为分析方法
- 客户分类管理方法
- 客户行为模型的主要类型及其特征
- 客户生命周期的阶段组成及其各阶段特点
- 客户交易过程中的特征
- 典型客户交易模式的具体应用

12.1　客户行为分析

　　并不是所有的客户都想与某个企业保持长期的关系,客户的购买决策往往受到价格、质量、价值、服务、时间等多个复杂因素的影响。正如有的学者认为的那样,一般情况下,客户可能划分为两种类型,即交易型客户(Transaction Buyer)和关系型客户(Relationship Buyer)。交易型客户只关心商品的价格,这些客户没有忠诚度可言。而关系型客户希望能够找到一个可以依赖的商品或服务提供者,他们寻找一家能够提供可靠商品或服务的友好企业,这个企业认识他、记住他,并能帮助他,与他建立一种关系,一旦找到了这样的提供者,他就会一直到那里购买商品或服务,如果服务得当,他们不介意该企业的商品服务的价格稍高于企业竞争对手,甚至会终生在该企业购买商品或服务。所以,企业无须与所有的客户建立关系,重要的是弄清楚两个不同的问题:企业的客户是什么类型? 这种类型的客户是多少? 其实,这就是企业面临的客户分类问题。

12.1.1　基于购买动机类型的客户分类

　　客户分类是将客户基于简单的要素标准进行分类。这个阶段的客户细分变量包括:地理因素、社会因素、心理因素和人口因素,通过不同的客户细分变量来进行典型的或者行代表性的细目分类,从而将客户细分为不同纲目的客户集合,再进行精确的定位。

　　例如,利用客户的购买动机类型可以进行如下四种类型的客户分类。

　　(1)消费型购买者,即自己购买,自己消费。这类购买者注重商品本身的性能、品牌、价位、服务等,并依据个人的偏好选购商品。

　　(2)加工型购买者,即购买之后将所购物品或者服务改造、加工,制造成为新的产品或者服务。这类购买者关心的是产品或者服务的质量、供货条件等,购买决策程序比较复杂。

　　(3)贸易型购买者,即商人,买入是为了卖出。他们关心的是"利",即是否有利润空间。

　　(4)委托型购买者,即政府采购、军事采购、集团采购等。购买的目的是为别人消费。这类购买者关心的是能够方便省时地按照采购程序进行购买。

　　基于客户购买动机类型进行分类,对以使企业简单而有效地针对不同分类的客户提供不同的产品和服务,或者体现同一产品和服务的不同价值,这是最简单的针对不同客户分类的一对一营销方式。

12.1.2　客户行为分析与分类管理

在客户细分之后，需要进行价值定位，分辨高价值和低价值的客户细分集合。根据企业关注的不同点，通过不同的变量对客户细分集合进行价值定位，选定最有价值的细分客户。客户价值定位变量包括：客户销售收入、客户利润贡献、忠诚度、推荐成交量等，客户价值定位可以采用 ABC 法和客户金字塔来实现。

归纳起来，客户分类管理中主要包括以下内容：

（1）确定细分客户集合的标准。细分客户集合的标准有：客户个性化资料、客户消费量与频率、客户的消费方式、客户的地理位置、客户的职业、客户的关系网等。

（2）进行不同客户集合的信息的进一步分析。分析客户的消费特点、购买行为、消费走势、对产品服务的期望值、所需要的产品或服务的价格组合等，并对这些信息进行深加工。

（3）针对不同客户集合进行差别化管理。确定不同客户集合对企业的价值、重要程度，并针对不同客户集合的消费行为、期望值等制定不同的销售服务策略。

（4）建立并完善资源配置系统。资源配置系统至少应包括以下内容：企业资源统计、调配系统、企业资源配置渠道、企业资源配置中的管理等几个部分。还需要在动态资源管理系统中加入市场资源、销售资源、管理资源和人才资源等内容。资源配置系统是企业对客户分类管理的拓展，对于不同价值、不同消费需要的客户集合。企业应为他们配置不同的市场、销售、服务和管理资源。

目前为把客户划分成不同的类型，主要依据的标准有以下 3 点。

（1）客户对企业的重要程度：在客户关系管理中．企业常常按照客户对企业的重要程度进行客户类型的划分。例如采用 ABC 分类法进行客户类型划分，可以将客户划分成贵宾型客户、重要型客户和普通型客户三种客户类型，如表 12-1 所示。

表 12-1　用 ABC 分类法对客户进行划分

客 户 类 型	客户名称	客户数量比例	客户为企业创造的利润比例
A	贵宾型	5%	50%
B	重要型	15%	30%
C	普通型	80%	20%

需要注意的是，表 12-1 所列的数字仅为一般参考值，对于不同行业、不同企业的数值实际上是各不相同的。比如在银行业中，贵宾型客户数量可能占到客户总数量的 1%，但为企业创造的利润可能超过 50%;而有些企业,如宾馆的贵宾型客户数量可能大于 5%,

为企业创造的利润却可能小于 50%。

这种划分，较好地体现了营销学中的"80/20"法则。即 20%的客户为企业创造了 80%的价值。当然在 80%的普通型客户中，还可以做进一步划分。有人认为，其中有 30% 的客户是不能为企业创造利润的，但同样消耗着企业的许多资源。因此，有人建议把 "80/20"法则改为"80/20/30"法则，即在 80%的普通客户中找出其中 30%不能为企业创 造价值的客户，采用相应的措施，使其要么向重要型客户转变，要么中止与企业的交易。 比如有的银行对交易量很小的散客，采取提高续费的形式促使其到其他银行办理业务。

（2）客户忠诚度。按照客户对企业的忠诚度来划分，可以把客户分成潜在客户、新 客户、常客户、老客户、忠诚客户等。

① 潜在客户是指对企业的产品或服务有需求，但尚未开始与企业进行交易，需要企 业花大力气争取的客户。

② 新客户是指那些刚开始与企业开展交易，但对产品或服务还缺乏全面了解的 客户。

③ 常客户是指经常与企业发生交易的客户，尽管这些客户还与其他企业发生交易， 但与本企业的交易数量相对较高。

④ 老客户是指与企业交易有较长的历史，对企业的产品或服务有较深的了解，但同 时还与其他企业有交易往来的客户。

⑤ 忠诚客户则是指对企业有高度信任，并与企业建立起了长期、稳定关系的客户， 他们基本仅在本企业消费。

一般来说，客户的忠诚程度与客户和企业交易的时间长短和次数的多少有关，只有 忠诚的客户才能长时间、高频度地与企业发生交易，而且不同忠诚度的客户对企业利润 的贡献有较大的差别，如图 12-1 所示。

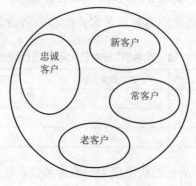

图 12-1 不同客户创造的利润分布图

此外，客户的忠诚程度是不断变化的，只要企业对客户的服务得当，能赢得客户的信任，潜在客户就可以变成新客户，新客户可以变成常客户，常客户可以变成老客户，老客户可以转化成忠诚客户；反过来也是如此。如果企业不注重提高客户服务水平，随意损害客户的利益，有可能使新客户、常客户、老客户和忠诚客户中止与企业的交易，转而投向企业的竞争对手。

（3）客户价值。在客户关系管理中，经过对现有客户数据的分析、整理，基本可以做到识别每一个具体的客户，可以从客户信息中找到多个方面相同或相似的客户群体，而且这些不同的客户群体对企业的重要程度、价值是不同的。按照客户价值分类，找到最有价值的客户，是企业最重要的工作。许多企业已经开始意识到通过价值区别来对客户进行分类管理，以便获得更多的利润。例如，一般普通的移动通信客户对于移动运营商的价值贡献远远不如类似于国家电视台这样的大客户。反过来，如果移动运营商为普通移动通信客户提供的服务标准同为国家电视台提供的服务标准一样，那么该移动运营商的经营行为是不明智的。另一方面，普通移动通信客户对服务的需求结构与期望值也同国家电视台提出的服务需求是不一样的。

据统计，现代企业 57% 的销售额是来自 12% 的重要客户，而其余 88% 中的大部分客户对企业来说是微利甚至是无利可图的。因此，企业要想获得最大程度的利润，就必须对不同客户采取不同的策略。这在快速交易的业务中（如金融服务、旅游、电信和零售等行业）尤为明显，这些行业中已有很多企业正在运用复杂的数据模型技术来了解如何更有效地分配销售、市场和服务资源，以巩固企业同最重要客户的关系。

对企业而言，不同客户在下述 5 个方面所表现出来的价值是不同的。

① 累计销售额：体现了客户在本企业的购买量。一个客户购买企业的产品越多，对企业市场价值实现的贡献就越大。反之，则越小。

② 终身潜在销售预期：企业在挖掘客户的价值时，不仅要考虑客户当前的价值，还应该考虑客户的未来价值，如图 12-2 所示，因为有些客户虽然目前还是一个小客户，但是将来他们有可能发展成一个大客户。这涉及怎样看待一个客户的"终身价值"的问题。

③ 需求贡献：传统的营销模式中，客户价值等于销售额。而在今天，通过对个别客户的喜好进行深入的研究，最后综合相似客户的喜好，建立一个源于客户的全新需求组合，以此进行产品或服务的改进，并开展营销服务，是提高客户满意度的重要前提。因此，客户的价值不仅包括销售额，也包括其对需求的贡献，那些常常对企业提出比别人更多要求的客户与出手豪爽的客户相比，同样富有价值。因为他们的要求以及易变的态度为企业研究客户需求和行为提供了更多的数据。

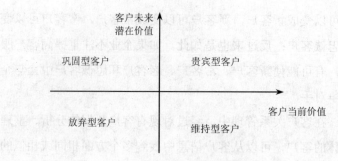

图 12-2 客户价值的变动

④ 利润贡献：显然，对企业的利润贡献大的客户就是有价值的客户。

⑤ 信用等级：反映客户在付款状况上的信用程度，如果一个客户能及时付款，其信用就好，等级就高，对企业的贡献就不言而喻。

12.2 客户行为模型

对客户行为进行分析和总结，可将其划分为三大模型："标准人"模型，心理印记模型和消费行为内驱因素模型。

12.2.1 "标准人"模型

"标准人"是在医学、法律等领域经常使用的概念，它是指将被研究群体的一些共性特征或是显著特征汇聚在单个"标准"的虚拟"人"身上，在概念援引及相关研究过程中用该"标准人"来代表被研究群体整体，以达到简单化、清晰化、系统化、标准化的目的。

每个客户群体都有区别于其他群体的显著特征，将这些显著特征抽提出来，浓缩到一个"人"的身上，使客户研究工作将更加标准化和系统化，客户研究结果的展示也更为直观和立体，这对加深对细分客户群特征的理解认识非常有益。"标准人"模型涉及的特征主要包括：自然特征、影响力特征、文化特征、生活轨迹和品牌特征等。

1. 自然特征

自然特征主要指客户的人口属性特征和地理位置特征等，表现客户的基本属性信息，如姓名、年龄、性别、身份标识、学历、职业、收入、地区等。

2. 影响力特征

影响力特征主要指该细分人群在生活态度、价值观（尤其指对时尚事物）及交往行为等方面的特点，以及在相互影响方面的特征（如是更多受群内影响还是受其他人群影响？是处于领导者还是跟随者地位？）等。

3．文化特征

文化特征是通过研究"标准人"所偏好的文化产品及文化内容来实现，并将文化特征映射到心理层面，从而挖掘出他们深层次的需求。通过研究某一细分人群"标准人"在不同文化载体上所偏好的相似文化风格和内容特征，可以找到这些文化产品背后共性的文化内涵，并结合心理印记分析得到相关的解释与原因。文化特征主要包括偏好的书籍、喜欢的音乐类型、电影偏好、阅读的报刊杂志、网络接触特征等。

4．生活轨迹

生活轨迹包含两方面：一个是生活内容轨迹特征；另一个是行为轨迹特征。我们分别以体验内容、生活场景为纵向及横向维度建立起客户群生活内容分析模型，得到目标客户群的生活内容特征。其中，将客户的体验内容细分成音乐、影视、游戏、饮食、健身、社交、信息、文化和手机等种类；将客户的生活场景细分为上学或放学途中、上课或开会时（包括中间短暂间歇）、娱乐消遣、旅游、上网、繁忙/私隐等种类。我们分别以生活场景、行为地点为纵向及横向维度建立起客户群行为轨迹分析模型，分析得到目标客户生活轨迹特征。其中：生活场景的细分与上面相同；客户的行为地点可分成学校、写字楼、停车场、公交/地铁等。

5．品牌特征

品牌特征侧重于研究如果向"标准人"提供具有某一品牌的电信产品组合，所需要包含的主要精神与内容元素。主要由 4 个方面组成：体验及主要宣传诉求点、外在特征与形象、内容侧重点、使用习惯偏好。

通过"标准人"模型对特定客户群的共同特征进行提取，构建一个具有所有这些共性特征的标准人，可能人群内的每个人都与此"标准人"有所差异，但是此"标准人"突出展现了人群的共性，从而降低了由于部分特征分散造成的影响，为深入研究细分客户群体提供了良好的工具，在市场细分和客户深入研究间搭上了一座桥梁。

12.2.2　心理印记模型

根据心理学的研究结果，对于一个人来讲，他在成年之后的一些行为、处事方式，以及他在一些消费方式上，会受他成年之前所经历的事情的一些影响。成年人之前所经历的事情会形成一些不同阶段的心理印记的影响。通过心理印记的研究，可挖掘相应客户的一些需求。"心理印记模型"是指为了挖掘细分客户的心理需求，基于生物学和心理学中的复演说，从人类种群发展的历史入手，分析个体心理发展的特征，并且结合个体心理发展的阶段性特点，提出了描述个体心理特征的印记模型。印记模型包含四个印记窗口，在每个印记窗口，都有某一类社会生活中的关键性大事件会在个体心理中留下影响终身的印记。这四个印记分别为：生存印记、认知印记、团体印记和社会印记，它们会对客户的行为，包括消费心理和行为轨迹产生非常大的影响。由于出生年代相近的人群所经历的外界主要影响相似，因此这些影响力较大的外界因素可对这类人群产生相似类型的印记，从而使此类人群呈现出一定的共同特征。

　　心理印记模型侧重于挖掘相似社会背景、成长经历人群的共性印记，通过这些共性印记的分析，得到对整个这一人群的具有营销价值的研究结果。图 12-3 就是心理印记分析模型。图中我们将 20 世纪 60～70 年代出生的人群和"20 世纪 80 年代初"出生的人群做了一个简单的分析对比。

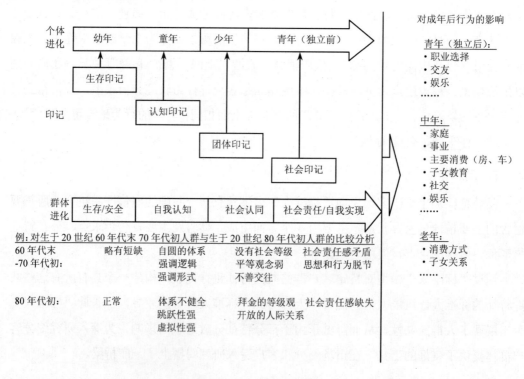

图 12-3　心理印记模型

　　"印记模型"提供了在相同年龄段、相同人生经历的人群的共同特征提取和分析的理论依据，也为识别分析不同年龄段、不同经历的人群的特征提供分析的方法。"心理印记模型"为分析"标准人"模型中提取的客户特征，并进一步细化客户特征提供理论支持，以挖掘主流特征形成的深层次原因。如：我们可以发现 20 世纪六七十年代出生的群体具有喜欢罗大佑、赵传的歌曲的群体特征，通过"心理印记模型"的特征细化分析，我们会发现这是一群追随港台娱乐流行潮流而成长起来的一代人，是在中国开放以后，中国的娱乐水平拉近与国外差距中成长的一代，他们在少年时代缺乏对娱乐的享受，现在对娱乐的追逐是在补偿童年的损失，因此这类人的娱乐主流是怀旧。于是回溯到对 20 世纪 60～70 年代的群体特征描述的时候，我们就可以明确这些人具有典型的怀旧娱乐消费倾向。

心理印记模型能够深入而有效地分析客户群特征形成的深层次原因，为目标人群的特征分析提供理论支持。因此，"心理印记模型"对为目标客户群开展营销活动与制定营销策略有一定的指导意见。在建立增值业务客户行为精细化营销体系中，根据心理印记模型的分析，对各细分人群的结果进行深入分析，为各细分群体的特征分析与营销策略要点的提出提供参考依据。

12.2.3　消费行为内驱因素模型

客户的业务订购行为和使用行为均需客户决策，在这里认为客户是理智的个人，能够理智的对未来实践的方向、目标及其方法、手段的选择做出自己的决定。客户决策是一个客户从内在需求、到受到外界激励、到最终产生消费行为的复杂的过程。对客户进行消费行为和消费心理的分析，有助于理解客户决策的内在机理。消费行为描述了客户如何制定购买决策、如何使用和处理购买的产品或服务的过程，它还包括影响购买因素的分析和产品的使用等信息。消费行为所描述的客户在需求、购买、使用产品或服务过程中，其心理现象产生、发展具有规律性。也就是说，同样可以尝试从客户行为所反映的内在驱动因素进行客户细分。可以认为：客户消费行为=客户的内在人格为核心驱动+消费观念+消费能力+社会交往状态。

客户消费行为内驱因素模型认为，客户的消费行为可从客户自身，即作为个体"人"、"人与物"以及"人与人"的角度来分析，客户行为以内在人格为核心驱动，人性格层面的核心特点是人的精神体现。消费观念与消费能力反映客户的消费行为特征，而社会交往状态主要表现为人的社会交往特点及人在社会中所扮演的主要角色的状态会影响其消费。社会交往反映客户的交际能力与影响特征，受到外界的行为特性影响；消费观念与消费能力表现为客户的消费核心价值观、经济能力、消费意识等，能够进一步反映客户的内心行为特性。人格特性主要以消费观念和消费能力来加以显示，如图 12-4 所示。

客户消费行为内驱因素模型

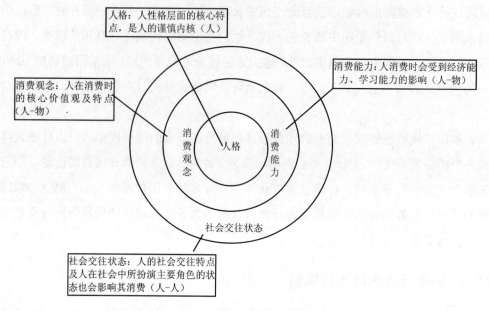

图 12-4　客户消费行为内驱因素模型

12.3　客户生命周期

在大多数企业，销售、服务、营销和技术支持等业务是分开进行的。这使得企业各环节间很难合作和信息共享，以及统一的企业形象来面对客户。CRM 的理念要求企业完整地认识整个客户生命周期，提供与客户沟通的统一平台，提高员工与客户接触的效率和客户反馈率。因此研究客户生命周期的形成和特点具有十分重要的意义。

12.3.1　客户关系发展的四阶段模型

客户关系发展的阶段划分是客户生命周期研究的基础，目前这方面已有较多的研究。其中，Dwyer 等人的研究最具代表性。他们提出了买卖关系发展的一个五阶段模型，首次明确强调，买卖关系的发展是一个具有明显阶段特征的过程。这一观点被广泛接受，取代了当时盛行的、把交易完全看作是离散事件的观点。以 Dwyer 等人的五阶段模型为基础，又将客户关系的发展划分为考察期、形成期、稳定期、退化期四个阶段，称为四阶段模型。

其中考察期是客户关系的孕育期；形成期是客户关系的快速发展期；稳定期是客户关系的成熟期；退化期是客户关系水平发生逆转的时期。考察期、形成期、稳定期客户关系水平依次增高，稳定期是供应商期望达到的理想阶段，但客户关系的发展具有不可跳跃性，客户关系必须越过考察期、形成期才能进入稳定期。各阶段特征的简要描述如下。

1. 考察期：客户关系的探索和试验阶段

在这一阶段，双方考察和测试目标的相容性、对方的诚意、对方的绩效，考虑如果建立长期关系双方潜在的职责、权利和义务。双方相互了解不足、不确定性大是考察期的基本特征，评估对方的潜在价值和降低不确定性是这一阶段的中心目标。在这一阶段客户会下一些尝试性的订单。

2. 形成期：客户关系的快速发展阶段

双方关系能进入这一阶段，表明在考察期双方相互满意，并建立了一定的相互信任和相互依赖。在这一阶段，双方从关系中获得的回报日趋增多，相互依赖的范围和深度也日益增加，逐渐认识到对方有能力提供令自己满意的价值（或利益）和履行其在关系中担负的职责，因此愿意承诺一种长期关系。在这一阶段，随着双方了解和信任的不断加深，关系日趋成熟，双方的风险承受意愿增加，由此双方交易不断增加。

3. 稳定期：客户关系发展的最高阶段

在这一阶段，双方或含蓄或明确地对持续长期关系作了保证。这一阶段有如明显特征：双方对对方提供的价值高度满意；为能长期维持稳定的关系，双方都做了大量有形和无形的投入；大量的交易。因此，在这一时期双方的相互依赖水平达到整个关系发展过程中的最高点，双方关系处于一种相对稳定状态。

4. 退化期：客户关系发展过程中关系水平逆转的阶段

关系的退化并不总是发生在稳定期后的第四阶段，实际上，在任何一阶段关系都可能退化，有些关系可能永远越不过考察期，有些关系可能在形成期退化，有些关系则越过考察期、形成期而进入稳定期，并在稳定期维持较长时间后退化。引起关系退化的可能原因很多，如：一方或双方经历了一些不满意的交易；发现了更适合的关系伙伴；需求发生变化等。退化期的主要特征有：交易量下降；一方或双方正在考虑结束关系甚至物色候选关系伙伴（供应商或客户）；开始交流结束关系的意图等。

12.3.2　客户生命周期的划分及各阶段特点

当客户成为企业的潜在客户起，客户的生命周期就开始了，客户服务的目的就是要使这个生命周期不断延续下去，让这个客户成为忠诚的客户。客户的这种生命周期划分可以用图 12-5 所示。

　　进一步分析客户生命周期各阶段的特点如下。

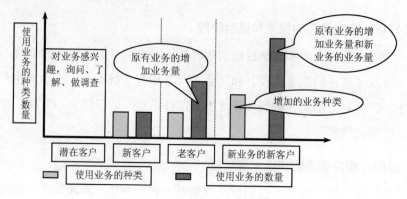

图 12-5　客户生命周期的划分

1. 潜在客户阶段的特点

　　最初，当一个客户在询问企业的业务时，他就表现出对该业务的兴趣，他即成为了该企业业务的潜在客户。他的特征是：询问。

　　在这个阶段，客户由于需求产生了需求意识。当客户对某种产品或服务的需求意识产生之后，就会对有关这种产品或服务的各种信息感兴趣，会通过媒体的广告、商品的展示、他人的推荐、本人的经历等多种途径去收集信息，为自己的购买决策提供依据。然后客户将收集到的各种信息进行处理，包括对不同企业生产或提供的同类产品或服务进行互相对比、分析和评估。有时这种对比、分析、评估会反复进行。

　　在这个阶段，客户最需要的就是建立对企业业务或产品的信心，他对业务或产品的信任程度或认可度，决定了他上升为新客户可能，但他也可能就此丧失信心，从而让企业失去这个客户。有以下的一些因素对客户进入下一阶段有影响：

　　（1）外界评价：对该企业业务评价的高低，将会影响客户对企业业务的信心和兴趣。

　　（2）客户的层次：客户所属的层次越高，对企业业务了解得越多，就越能明确自己的行为，受到外界的影响就越少，更易在询问之后确定使用。

　　（3）客户的所属行业：客户的行业与企业业务有联系，就有助于客户了解他所选的业务，有助于客户做出结论。

2. 新客户阶段的特点

　　当客户经过需求意识阶段、信息收集阶段、评估选择阶段后，对企业业务有所了解，或者在别人的推荐和介绍之下会将某种产品和服务的期望同属于自己的价值观念密切联系在一起，客户决定使用或购买某一企业的某个产品或服务时，他就由潜在客户上升为新客户。

这个阶段，客户还是处于初级，需要逐步培养对该企业业务和产品的信心和信任感，同时，也为他继续使用该企业业务进而使用更多业务奠定基础。对新客户的呵护和培养，是让新客户继续消费产品的前提。此时客户的购买经历、使用体验以及客户对这次购买的价值评判，使客户产生了对质量的实际感受和认知（即客户对质量的感知），以及对所付的费用和所达到的实际收益的体验（即客户对价值的感知），这些将影响客户进入下一个时期。

有如下因素影响新客户。

1）客户对产品质量的感知

对产品质量的感知包括对产品功能的感知和对产品形式的感知。如果这两方面都符合客户的需求，客户就会继续使用这种产品和服务，实现客户的升级；如果无法满足客户的需求，客户就可能转向。

2）客户对服务质量的感知

对服务质量的感知是指客户在产品购买和使用过程中对外延需求方面满足程度的感受和认知。通常由服务满足个人需求的程度、服务的可靠性和对服务质量的总体评价三方面组成。如果企业客户服务效果很好，就会满足客户的情感需求，就可能延长客户的使用周期。

3）客户对价值的感知

客户对价值的感知是指客户在购买和消费产品或服务过程中，对所支付的费用和所达到的实际收益的体验。客户感知的价值核心是价格，但不仅仅是价格。从广义角度考虑，客户对价值的感知体现在四个方面：客户总成本的感知，质量与价格之比的感知，价格与质量之比的感知。客户对价值的感知会产生客户对这次购买感觉是否值得的判断。如果值得，会产生下次购买；反之相反。但是客户的价值感知取决于客户的价值取向，而处在不同需求层面的客户自身的价值观念又影响着客户的价值取向。

4）企业竞争者的资费信息

如果竞争者提出更适合客户的资费信息，就可能使客户在使用业务之后很短的时间就转向新的企业。

5）客户需求的情况

如果客户的需求在这个期间上升，现有的企业业务无法满足需求，客户就可能转向新的竞争对手。

3. 老客户阶段的特点

这个阶段，用户对企业培养起了基本的信任感，使用该企业的业务也持续了一段时间，从而成为了该企业业务的老用户。这时，用户的满意度、忠诚度和信用度是企业关心的焦点，意味着能否将此老用户发展成为忠诚客户，争取更多的客户钱包份额，同时这些焦点问题关系到能否让老客户在有或还没有使用新业务的需求之下，对新的业务感兴趣，通过交叉销售扩展客户的盈利性。

影响老客户的因素主要是：

1）企业的服务情况

企业持续的良好客户服务会有助于保持老客户，因为这个时期最重要的是情感上的满足，客户服务的具体和详尽程度可以决定客户日后选择取舍。

2）客户新的业务需求

如果客户有新的业务需求，并且该企业可以提供这项需求，客户极有可能仍然选择现有的企业，进而实现客户的升级。

3）企业竞争者的信息

如果竞争者会提供更为优廉的服务和业务，那么客户是否转向同样存在风险。

4. 新业务的新客户阶段的特点

这里所指的新业务的新客户，是由原来的老客户发展而来的，即原有的老客户由于建立起对该企业业务的信任感，进而进一步使用了该企业的新业务，这时的使用是建立在一种相互信任的基础上的，不同于一个纯粹新客户对新业务的接受。

影响新业务的新客户的因素主要有几下几点：

1）老业务的运行情况

如果业务运行得不尽人意，就可能影响客户对新业务的信心，使生命周期运行到此就中断。

2）新业务的发展情况

新业务的发展好坏，影响着客户对企业的信心，也会影响着客户继续使用的决心。

3）客户的满意程度

在这个阶段，客户是在进行一项尝试，如果客户对此不满意，就可能终止生命周期的继续。

4）企业的发展状况

在这个时期，客户一般都愿意与企业建立长期的合作关系，如果企业的发展状况达不到客户的预期和期望，客户就可能转向至他认为更有前途的运营商。

当客户进入这一阶段时，客户的生命周期就进入了循环阶段，客户的潜力也被发挥得淋漓尽致，延长了客户的使用周期，从而保持了客户，节约了成本。当然，这种生命周期的划分可能会有交叠的部分，企业客户服务的目的就是要使客户在接受企业服务的那一天，或是在有这种需求开始，就能持续不断地沿着这种生命周期发展，从而节约成本，创造更多的利润。

总之，在整个生命周期中，各个环节的各个因素是互相作用和影响的，对客户产生着综合的作用。无论是内部还是外部的信息都会对客户是否持续他的生命周期有影响，客户是从整体的效果和发展状况来考虑持续的必要性和盈利性的，只有在客户认为这是个双赢的状态和在服务满足需求的情况下，客户的生命周期才可以延续下去，使得企业降低成本、获得盈利。面对激烈的市场竞争，企业必须了解和掌握客户生命周期不同阶段客户的消费行为和特点，从而制定出适合客户不同阶段的个性化服务，提高客户的忠诚度和满意度，为企业带来丰厚的利润和上升空间。

12.4　客户交易模式

12.4.1　客户购买决策和交易

客户购买决策和交易是一个复杂的过程，受到多方面因素的影响和制约，整个交易过程总结而言，呈现以下特征。

1. 客户购买决策的目的性

客户进行决策，就是要促进一个或若干个消费目标的实现，这本身就带有目的性。在决策过程中，要围绕目标进行筹划、选择、安排，就是实现活动的目的性。

2. 客户购买决策的过程性

客户购买决策是指客户在受到内、外部因素刺激后，产生需求，形成购买动机，抉择和实施购买方案，购后经验又会反馈回去影响下一次的客户购买决策，从而形成一个完整的循环过程。

3. 客户购买决策主体的需求个性

由于购买商品行为是客户主观需求、意愿的外在体现，受许多客观因素的影响。除集体消费之外，个体客户的购买决策一般都是由客户个人单独进行的。随着客户支付水平的提高，购买行为中独立决策的特点将越来越明显。

4. 客户购买决策的复杂性

心理活动和购买决策过程的复杂性。决策是人脑复杂思维活动的产物。客户在做决策时不仅要开展感觉、知觉、注意、记忆等一系列心理活动，还必须进行分析、推理、判断等一系列思维活动，并且要计算费用支出与可能带来的各种利益。因此，客户的购买决策过程一般是比较复杂的。

12.4.2　客户交易模式介绍

1. 客户交易一般模式

客户交易和人类行为的一般模式是 S-O-R 模式，即"刺激–个体生理、心理–反应"。该模式表明客户的购买行为和交易行为是由刺激所引起的，这种刺激既来自于客户身体内部的生理、心理因素，也受到外部环境的影响。客户在各种因素的刺激下，产生动机，在动机的驱使下，做出购买商品的决策，实施购买交易行为，购后还会对购买的商品及其相关渠道和厂家做出评价。这样就完成了一次完整的购买决策过程。

2. 科特勒行为选择模式

菲利普·科特勒提出一个强调社会两方面的消费行为的简单模式。该模式说明客户购买行为的反应不仅要受到营销的影响，还受到外部因素的影响。而不同特征的客户会产生不同的心理活动过程，通过客户的决策过程，导致了一定的购买决定，最终形成了客户对产品、品牌、经销商、购买时机、购买数量的选择。

3. 尼科西亚模式

尼科西亚 1966 年在《客户决策程序》一书中提出这一决策模式。该模式由四大部分组成：第一部分，从信息源到客户态度，包括企业和客户两方面的态度；第二部分，客户对商品进行调查和评价，并且形成购买动机的输出；第三部分，客户采取有效的决策行为；第四部分，客户购买行动的结果被大脑记忆、储存起来，供客户以后购买参考或反馈给企业。

4. 恩格尔模式

该模式又称 EBK 模式，是由恩格尔、科特拉和克莱布威尔在 1968 年提出。其重点是从购买决策过程去分析。整个模式分为四部分：①中枢控制系统，即客户的心理活动过程；②信息加工；③决策过程；④环境。

　　恩格尔模式认为，外界信息在有形和无形因素的作用下，输入中枢控制系统，即对进入大脑的发现、注意、理解、记忆与大脑存储的个人经验、评价标准、态度、个性等进行对比、过滤和加工，构成了信息处理程序，并在内心进行研究评估选择，进而对外部探索即选择评估产生了决策方案。在整个决策研究评估选择过程中，同样要受到环境因素，如收入、文化、家庭、社会阶层等影响。最后产生购买过程，并对购买的商品进行消费体验，得出满意与否的结论。此结论通过反馈又进入了中枢控制系统，形成信息与经验，影响未来的购买行为。

5. 霍华德-谢思模式

　　该模式是由霍华德与谢思合作，于 20 世纪 60 年代末，在《购买行为理论》一书中提出。其重点是从四大因素去考虑客户购买行为：①刺激或投入因素（输入变量）；②外在因素；③内在因素（内在过程）；④反应或者产出因素。

　　霍华德-谢思模式认为投入因素和外界因素是购买的刺激物，它通过唤起和形成动机，提供各种选择方案信息，影响购买者的心理活动（内在因素）。客户受刺激物和以往购买经验的影响，开始接受信息并产生各种动机，对可选择产品产生一系列反应，形成一系列购买决策的中介因素，如选择评价标准、意向等。在动机、购买方案和中介因素的相互作用下，便产生某种倾向和态度。这种倾向或者态度又与其他因素（如购买行为的限制因素）结合后，产生购买结果。购买结果形成的感受信息也会反馈给客户，影响客户的心理和下一次的购买行为。

 小结

　　本章讨论了客户模型规划，介绍了基于购买动机类型的客户分类，阐述了客户行为分析与分类管理方法，分析了三种类型客户行为模型及其特征；提出了客户生命周期的四阶段模型，探讨了客户交易过程特征以及五种典型的客户交易模式。

习题

1. 如何进行客户行为分析与分类管理？
2. 客户行为模型有哪些类型及特征？企业应如何对待？
3. 客户生命周期由哪些阶段组成？谈谈你对客户生命周期的理解及认识。
4. 结合实际讨论客户生命周期各阶段的特点是什么？
5. 举例说明客户交易过程中的特征以及几种典型客户交易模式的应用。

第13章 呼叫中心

学习重点

- 呼叫中心在CRM中的地位
- 呼叫中心常用的实现方法
- 呼叫中心的基本结构及其组成
- 互联网呼叫中心的特点

13.1　呼叫中心的基本概况

13.1.1　呼叫中心的定义

呼叫中心（也称客户服务中心）的定义有多种版本，这里从两方面给出。

从管理的方面，呼叫中心是一个促进企业营销、市场开拓，并为客户提供友好的交互式服务的管理与服务系统。它作为企业面向客户的前台，面对的是客户，强调的是服务，注重的是管理。充当企业理顺与客户之间的关系并加强客户资源管理和企业经营管理的渠道。它可以提高客户满意度、完善客户服务，为企业创造更多的利润。

从技术的方面，呼叫中心是围绕客户采用计算机电话集成技术（Computer Telephony Integration，CTI）建立起来的客户关照中心。对外提供语音、数据、传真、视频、因特网、移动网络等多种接入手段，对内通过计算机和电话网络联系客户数据库和各部门的资源。

13.1.2　呼叫中心的起源

呼叫中心起源于美国的民航业，其最初目的是为了能更方便地向乘客提供咨询服务和有效地处理乘客投诉。美国银行业在 20 世纪 70 年代初开始建设自己的呼叫中心。不过那时的呼叫中心还远远没有形成产业，企业都是各自为战，采用的技术、设备和服务标准都依据自身的情况而定。一直到 20 世纪 90 年代初，都只有很少的企业能够有财力在技术、设备上大规模投资，建设可以处理大话务量的呼叫中心。从 20 世纪 90 年代初期开始，随着 CTI 技术的引入，其服务质量和工作效率有了很大的提高，也使客户中心系统获得了更广泛的应用，从而使得客户关系管理越来越受到企业关注，也促进呼叫中心真正进入了规模性发展。尤其是 800 号码的被广泛认同和采用，更加剧了这一产业的繁荣。

13.1.3　市场状况

目前，国外的呼叫中心已经确实形成了一个巨大的成熟产业。不仅有呼叫中心各种硬件设备提供商、软件开发商、系统集成商，还有众多的外包服务商、信息咨询服务商、专门的呼叫中心管理培训学院、每年举办的大量的呼叫中心展会和数不清的呼叫中心杂志、期刊、网站等，从而形成一个庞大的、在整个社会服务体系中占有相当大比例的产业。社会公众对呼叫中心的依赖程度也很高，全社会广泛从中受益。据 IDC 的调查表明，全球呼叫中心服务市场总产值在 1998 年就达到 230 亿美元。到 2003 年达到 586 亿美元，翻了一番。据有关资料统计，全球每年由呼叫中心促成的销售额已高达 6 500 亿美元。美国目前有近十万个呼叫中心，3%的就业人员在呼叫中心工作。英国所有就业人员有 1.5%是在呼叫中心工作，并且正以 40%的速度增长，目前全英国有 2 000 个呼叫中心。澳大利亚目前有 10 万人在呼叫中心工作。

而国内呼叫中心建设基本是逆向起步的，呼叫中心理念和技术基本都是从国外引进的。市场不是从顾客的需求引出产品，再产生相应的技术；而是先有技术，然后有产品，然后再把国外实行得比较完善的呼叫中心解决方案拿到中国来，寻找国内的客户。大部分企业虽有可能的"潜在需求"，但对其还处于"无知期"。且由于初期投资、盈利方式等限制，国内在呼叫中心方面要落后大约十年左右，并且离形成一定规模的产业还有一段距离，全社会还没有广泛从中受益。1998 年中国电信、银行等资金雄厚的大企业最早开始建立自己的呼叫中心，呼叫中心才实质性地进入中国。中国的客户服务中心虽然起步较晚，近几年确实得到迅速发展。专家预测，随着中国经济的发展，加入 WTO 后，外资企业的大量进入，商业电话的利用率会继续提高，采用呼叫中心建立企业的通信网络会逐渐普及，其应用将涉及各行各业，迅速成为热点。

呼叫中心的企事业用户主要可分为三类。

（1）一类客户：用户与企业联系紧密，如：电信、银行、保险、电子商务等。

（2）二类客户：企事业用户数量巨大，但是企业和用户之间并不是很紧密的联系。例如：IT 行业、交通行业、政府部门、证券、家电行业、医疗行业、汽车行业等。

（3）三类客户：中小型企业，对客户服务质量要求比较高。

13.1.4 呼叫中心的演化过程

1. 传统呼叫中心

第一代的呼叫中心以简单的打电话查询为代表，如 114 电话号码查询。

第二代的呼叫中心通过打电话可以查询，也可以形成交易，大家所熟知 800 电话是这一时期的代表。事实证明，800 电话曾经为企业客户服务做出了重大贡献。如 Dell 计算机在中国根本没有代理，整个销售就靠福建的一个呼叫中心。

2. 现代呼叫中心

第三代呼叫中心变成一个主动的客户关照中心，是经营理念通过技术的实现。现代客户服务除了需要具备传统 800 电话的咨询投诉处理功能外，更需要对客户的跟踪，准确把握客户消费心理，提供个性化服务。现代客户服务还需要与后台数据库结合，通过每一次的客户服务积累信息，一方面为公司决策服务，通过对这些数据的分析，得出市场消费需求的变化，使企业能够对市场的变化迅速做出反应，使决策更为科学合理；另一方面可以进行数据库直销，利用企业客户数据，通过邮寄促销信息、产品目录等方式实现数据库直销，直接获得营业额增长。伴随着计算机技术与现代通信技术的发展，呼叫中心是计算机通信集成技术（CTI）的典型应用，既是计算机通信技术发展的产物，也是客户服务发展的产物，它是目前实现现代客户关系管理，提供客户服务的主要工具。企业利用呼叫中心主动去呼叫用户，主动关心用户，把产品和服务送上门。呼叫中心能建立用户档案，记录用户的喜好，主动推出用户喜欢的产品/服务。

技术在发展，市场在变化，上个世纪互联网的出现和迅速蔓延，给各项技术带来了巨大的冲击。

第四代的呼叫中心是和互联网相融合的呼叫中心（Internet network CC，ICC），它把IP 电话、CRM（客户关系管理）无缝结合起来，把语音、传真、电子邮件完美结合，具备数据挖掘、实时监控等功能。实现对客户数据的跟踪管理，通过这些数据掌握客户的消费习惯、消费心理，提供个性化服务，让客户更满意。通过客户来电辨认客户身份功能，调用后台数据库，迅速反应客户有关信息，使服务更为高效；同时也可以及时录入客户信息，保持客户服务的延续性，为以后的服务提供参考，并且可以为公司的决策提供数据分析的基础。通过电话、Web、IP 电话等方式的客户接入方式，既促进了客户的主动访问，又可以减少企业的通信支出，节省客户维护成本。因此，现代客户服务中心已经不再是成本中心，而更趋于利润中心。尤其引起从事网上销售企业的关注，目前在网上购物热潮中，真正获利的还是有呼叫中心在背后支持的。"亚马逊"网上书店在环球网上售书，它背后有一个非常强大的呼叫中心支持。"美国在线（American online）"在美国有六个呼叫中心，是其主要赢利点之一。应该说这样的呼叫中心在国内是个方兴未艾的亮点，刚刚开始推行。

3. 将来的发展方向

我们现处在一个飞速发展的物联网时代，各种新技术如 IP、WAP、ASR（Automatic Speech Recognition，自动语音识别）、DW（Data Warehouse，数据仓库）等不断涌现和成熟起来，与传统呼叫中心相融合，将使呼叫中心具备更多的功能。下几代的呼叫中心是面向未来、超乎想象的。

第五代呼叫中心正在加进无线应用协议（Wireless Application Protocol，WAP），使移动着的人也能访问呼叫中心，实现无线办公、无线商务的最高境界。这就是无线互联网呼叫中心（Wireless Internet CC，WICC）。

第六代多媒体呼叫中心，业务代表与客户的交互过程中能够将视图呈现出来，相当于有关的业务代表与客户面对面的进行交流。这样一来，目前的许多商业模式将改变，我们也许就可以在家进行办公、购物等活动，这将改变我们的生活。当然这需要通信运营商提供更宽的频带。

第七代智能化的现代呼叫中心，融合了自动语音识别（ASR）、文本转语音（TTS）、数据仓库（DW）等新技术，创造出新概念，新功能。语音技术与 IVR 技术的结合能够将数据变为语音，将极大地拓宽呼叫中心的应用领域。

在网络聚合的时代，语音已经数字化，终端逐渐智能化，多媒体信息统一化，各个系统之间的界限逐渐模糊，在光缆和无线电中传送的是综合的数据流——流媒体，在业务系统或应用系统完成对数据流的处理。技术的融合成为潮流，呼叫中心也将顺应这潮流，最终实现"统一网络，统一服务，统一平台"的目标，最后形成一个多功能的基于物联网的电子商务创新平台。

13.2　呼叫中心的基本功能

13.2.1　呼叫中心的具体作用

很多人认为呼叫中心就是用来提供咨询服务的，因此把它当作纯粹的投入。宋俊德认为："建立一个呼叫中心需要投入大量资金，但对企业来说，它绝不应是赔钱的买卖。无数电话的背后应该跟随着数据的分析和挖掘（即客户关系管理），将这些数据纳入客户信息管理系统，从而形成决策支持，这才是呼叫中心的最高境界。"大量的统计数字表明，利用呼叫中心改善服务所取得的回报是十分显著的，超过一半的投资者在不到两年的时间里就收回了投资。

用户可以通过电话、E-mail、传真等多种方式呼入。在呼叫到来的同时，呼叫中心即可根据主叫号码或被叫号码提取出相关的信息传送到座席的终端上。这样，座席工作人员在接到电话的同时就得到了很多与这个客户相关的信息，简化了电话处理的程序。这在呼叫中心用于客户支持服务时效果尤为明显。在用户进入客户支持服务中心时，只需输入客户号码，或者甚至连客户号码也不需输入，呼叫中心就可根据它的主叫号码到数据库中提取与之相关的信息。这些信息既包括用户的基本信息，诸如公司名称、电话、地址等，也可以按照以往的电话记录，显示已经解决的问题与尚未解决的问题。这样双方很快就可进入问题的核心。呼叫中心还可根据这些信息智能地处理呼叫，把它转移至相关专业人员的座席上。这样客户就可以马上得到专业人员的帮助，从而使问题尽快解决，满足客户在业务咨询、话费查询、投诉申告等方面的基本需求。

对企事业单位而言，呼叫中心提高服务质量，让客户满意，使得用户数和营业收入不断增加，并形成良性循环。呼叫中心还可降低成本，增加企业直销，降低中间周转，降低库存，改善企业管理体制，减少层次，优化服务结构，提高工作效率。通过呼叫中心可以宣传并改善企业形象，扩大企业影响，提高企业的社会效益。此外，企业还可以对从客户服务中心收集到的大量信息和数据的分析，为企业再发展和决策提供依据。呼叫中心的建立是经济效益和社会效益的新增长点。

对企业的客户而言，可以通过客户服务中心来处理自己的保险；可以通过客户服务中心了解商品信息；可以通过电话银行管理自己的银行账户，实现通过电话缴纳各种费用以及完成股市资金账户和银行账户之间的资金往来等。呼叫中心的出现大大方便了人们的工作和生活。

13.2.2 呼叫中心的地位

呼叫中心是企业面向客户的前台，它通过电话、视频、数据、因特网、移动网络等各种手段，将客户接入企业，通过 CTI 应用调取企业内部的客户数据库，使与客户相关的数据完整、全面地呈现在企业所有部门的面前，使企业市场、销售、售后服务、人力资源、财务、生产、供货等各个部门都能得到客户的全部情况，了解客户的真实需求。在为客户服务的同时，呼叫中心也更新客户数据资料，以便下次使用。

无论是个体客户（B2C）还是企业客户（B2B），都可以纳入呼叫中心体系，开展被动客户服务和营销，并且还能以呼叫中心对外发起多媒体呼叫的方式实现主动营销和客户服务。

对内而言，呼叫中心是客户关系管理（CRM）的重要部分，而 CRM（客户关系管理）、ERP（企业资源规划）、SCM（供应链管理）共同组成了企业的内部管理体系，共同分享企业的数据库资源。

13.2.3 现代智能化呼叫中心应具备的功能

现代智能化的呼叫中心应具备的主要功能有以下几点。

（1）能提供每周 7 天，每天 24 小时的不间断服务，全媒体联络方式。

（2）能事先了解有关顾客的各种信息，安排选择最适合的业务代表。

（3）呼叫中心不是"支出中心"，而是"收入中心"，有良好的社会效益和经济效益。

（4）呼叫中心是客户关系管理的基础，是企业接触客户的主要渠道。

（5）呼叫中心对外面向用户，对内与整个企业相联系，与整个企业管理、服务、调度、生产、维修结为一体，可以把从用户那里所获得的各种信息、数据全部存储在庞大的数据仓库中，供企业领导者做分析和决策之用。

（6）呼叫中心采用最现代化的技术，有好的管理系统，可以随时观察到呼叫中心运行情况和业务代表工作情况，为用户提供最优服务。

13.3 呼叫中心的技术结构

呼叫中心技术作为现代化的客户服务手段，将计算机技术和通信技术有机地结合在一起，从而将企业以客户为本的发展战略提升到一个全新的高度。对呼叫中心技术的积累，对客户需求的全面考虑以及对呼叫中心在专业领域的应用的把握是提供高质量客户服务产品的有力保证。

13.3.1 呼叫中心的基本结构

建设一个成功的呼叫中心系统，应该将大部分注意力集中在业务系统的构造上。强调呼叫中心系统真正的价值观：以业务体系为基础，以维护客户关系为目的。一般说来，一个典型的呼叫中心由以下几个部分组成，如图 13-1 所示。

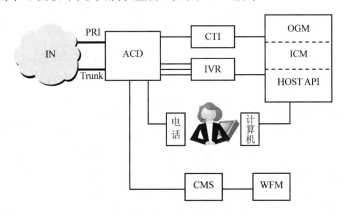

图 13-1 呼叫中心的基本结构

对图 13-1 的进一步说明如下所示。

1. 智能网（Intelligent Network，IN）

智能网正以丰富的服务功能，逐渐取代传统的模拟网络，使用 SS7 和 ISDN 访问设施，其网络功能包括 ANI（自动号码识别），DNIS（被叫号码识别服务），CPN（主叫方号码）。DNIS 可以将若干号码通过一个公共中继群接入，并根据呼叫方所拨的号码分别处理，可以通过它直接得知用户想要的服务。利用 CPN 主机可以在座席终端上提供主叫用户的相关信息。

2．自动呼叫分配（Automatic Call Distribution，ACD）

ACD 用来把大量的呼叫进行排队并分配到具有恰当技能和知识的座席，ACD 可以独立于交换机存在，也可以内置在交换机内部。座席将按相似的技能被分成若干组，如处理投诉的组，处理短信的组等，或者按其他业务职能进一步细分。排队的依据多种多样，如拨入的时间段、主叫号码、DNIS、主叫可以接受的等待时间、可用话务员数、等待最久的来话等一系列参数。用户等待时可以听到音乐或延迟声明。

ACD 可以在多方面提高客户满意度：将呼叫路由给最闲的话务员可以减少主叫的排队时间，将呼叫路由给最有技能的话务员将解决客户的专业问题和特殊需要，呼叫提示令客户可以对呼叫有更多的控制权，如预计等待时间太长，就可以选择留言挂机，或者转到一个指定的分机，或者只是听取信息播放。

3．计算机电话接口（Computer Telephony Integration，CTI）

CTI 在 PBX/ACD 与计算机之间提供应用级的接口，从而形成一系列的增值应用和服务。CTI 使电话系统和计算机系统共享信息，从而使呼叫路由更明确或者由呼叫触发一些功能，如根据特定的主叫、呼叫原因、时间段、流量等情况更新主机数据库，这些功能由应用软件提供，如来话管理（ICM）和出话管理（OCM）。

CTI 主要分为两类：面向电话（第一方控制）的和面向交换机的（第三方控制）。它在单独的 PC 上实现了对电话和呼叫的控制。面向交换机的 CTI 实现包括主机和客户/服务器结构的 LAN 配置，它不仅可以利用分机的信息和功能，也能利用交换机上可用的信息和动作，面向交换机的 CTI 应用控制电话、呼叫、分组、导引条件和线路。

用于客户服务中心的 CTI 应用如屏幕弹出、语音和数据的协同转移、预测拨号等。

4．交互式语音应答（Interactive Voice Response，IVR）

IVR 扮演一个自动话务员的角色，用于繁忙等待时或无人值守时完成各种自动化的任务，减轻话务员负担，提高客户满意度。用户可以通过按键甚至语音（需要语音识别功能）输入信息，IVR 可以使用自带数据库中的信息来处理用户输入并给出提示，也可以使用主机数据库中的信息与客户交互。系统返回的将是预先录好的或是合成的语音。高级系统包括语音信箱、Internet、语音识别等能力。相对于其他呼叫中心技术来说，IVR 能使企业获得更高的生产率。在通常情况下，用户呼叫的处理有 70%~80%是无需人工干预的。从市场方面（如用户金融服务和民航系统等）来看，交互式语音应答系统是不可替代的必需品。

5. 呼叫管理系统（Call Management System，CMS）

CMS 维护有关线路、座席、队列、路由导引和应用程序利用率的信息，有助于有效地利用资源。使用 CMS 信息可以监控各个组件的性能，检查相关费用并预测对当前运作改变后的潜在效果。

CMS 分为入门级和高级两种。入门级一般位于 ACD 系统内，提供有限的报表数量和有限的报表长度，一般无法定制，这些内部报表生成器一般用于不太复杂的小型运行系统。高级系统一般安装在一个小型计算机上，可以产生很多实时或历史的报表，并且可以定制，一般用于复杂的大型运行系统。

一般服务中心的每个管理员都有自己的访问终端。为了安全，管理员可以对报表数据设置读写权限，一般还会配置一台共享的打印机。

ACD 在处理过程中向 CMS 发送各种状态信息，如按组划分的呼叫，分机，呼叫路由，排队的呼叫和座席行为等，CMS 则提供管理人员、流量负荷、设备等的信息。

6. 座席/业务代表（AGENT）

座席由一个 PC 或终端以及一个电话组成，一般使用耳机以提供方便和保密，电话上可以实时显示服务中心的统计数据，以使话务员了解自己的表现并跟上呼叫量。话务员使用这些设备可以快速高效地进行个性化的服务。电话按键和计算机程序的设计都考虑了简化话务员工作的因素，它们与 ACD 紧密配合高效处理来话并综合利用话务员技能。

7. 主机应用（HOST）

主机是内部的数据服务器，用来存放话务员人事信息、计费信息、客户信息、业务受理信息和业务咨询信息，座席终端可以通过局域网有限地访问这些数据，为客户提供更为迅速、更为个性化的服务，这类服务需要借助 CTI。

8. 来话管理（Incoming Call Management，ICM）

ICM 是为来话提供工作流管理的应用程序。屏幕弹出就是一种典型的来话管理功能，这可以节省时间并为客户增加了一定的个性化功能；另一类 ICM 应用是根据实时的系统参数和客户当前状态将来话路由到最合适的座席。ICM 可以提高客户满意度和企业资源的使用效率。

ICM 是通过数据库软件实现的，这类软件较为复杂，尤其是使用 CTI 接口访问 ACD 时。CPN 和 DNIS 对于来话处理的自动化极为关键。

9．去话管理（Outgoing Call Management，OCM）

OCM 负责主动发起对客户的呼叫，呼出有两种类型：预览型和预测型。在预览拨号情况下，系统首先接通座席的电话然后再拨客户号码，等待接通过程之后，话务员或者可以和客户通话，或者因为占线、无人应答、空号、线路故障等原因而放弃；预测拨号则是将整个过程自动化，计算机选择要拨的客户并开始拨号，所有无效的呼叫（如忙音、无应答、机器接听）都将被跳过，不接通话务员，如果客户应答，呼叫将迅速转给一个话务员，如果因为某种原因（忙、无人接）呼叫无法送到话务员，就将号码放入一个新的联系名单等待合适的时间再拨。预测拨出使用复杂的数学算法，考虑多种因素，如可用的电话线路数、可用接线员数、无法接通期望座席的概率等，预测拨出发出的呼叫往往比话务员处理的要多，它为话务员节省了大量时间（查号、拨号、等待震铃），从而大大提高效率。

OCM 可以用于市场分析，例如可以通过它按照名单自动拨通大量用户，进行业务需求或服务满意度的调查，或者催缴欠费等活动。

10．工作流管理（Working Flow Management，WFM）

WFM 一般称为调度系统，它跟踪一段时间内（一般不超过 15 个月）线路和座席的利用率，以便确定出高峰和季节性的系统资源需求。WFM 可用于管理资源效率，它专为座席调度和未来线路需求分析而设计，以提高服务中心的性价比和客户响应能力。系统管理员可以利用 WFM 信息和企业策略很好地调节服务中心的运行。

13.3.2　互联网呼叫中心的引入

1．互联网和呼叫中心的结合成为必然

Internet 的出现改变了我们的整个生活、工作方式，甚至改变企业的经营之道，并且进而改变着全球的商业环境。电子商务时代的客户关系管理（CRM）对呼叫中心有着更高的要求。恰逢互联网在经历了股市灾难的低潮后，正在寻求适合互联网发展的商业模式，发展和留住更多的客户。

互联网和呼叫中心的结合使中国企业的客户群迅速扩大。在国外，呼叫中心的发展，无论是商业模式还是管理模式，要远比互联网的发展成熟。呼叫中心和互联网的结合，构建了电子商务的实现模式，解决了对传统呼叫中心的信息流补充、互联网的信息实时交互、服务人性化的问题。

2．认识互联网呼叫中心 ICC

通过硬件、软件和专业技术服务的结合使用，构成的互联网呼叫中心 ICC，使客户

可以从企业 Web 站点上直接接入呼叫中心，用户不必离开正在浏览的计算机屏幕，就可以通过文本交谈与客户服务代表联系，或点击"回呼"按钮，与代理直接通话，这些会使客户服务的满意度会大大提高。中心 ICC 使企业在单独的销售业务环境中可以获得最大的接入、呼叫管理、交易处理和呼叫中心功能，从而有效地将呼叫中心转化成客户关照中心，以支持所有媒体通信，并允许客户采用他们喜好的方式来开展业务。

当客户在购物网上浏览时，他们需要了解更多的信息，例如，对一件衣服，可能需要了解其颜色、款式或型号。以前，他们唯一的选择是离开因特网，打电话或发电子邮件与对方联系。电子邮件是一种可靠而直接的手段，但有一定的滞后。现在，用户不用改变购物方式，就可通过简单地点击"Call me"按钮与客户服务代表开始实时交谈。顾客可以像在普通商店购物一样，立刻拥有双向沟通的便利。

通过文本交谈和共享网页功能，代理可以精确引导顾客到特定的商品目录页面，引导其进行购物。在线交谈功能成为网上销售商主动客户服务战略中的一个重要组成部分。

13.3.3　互联网呼叫中心系统体系结构

Internet 呼叫中心将是全面而又可靠的，它可以充分利用基于业界标准的 Internet 功能：IP 上的话音、文本交谈、护卫式浏览、回叫、电子邮件和传真。Internet 呼叫中心集成了这些先进的技术，并支持现有的企业功能、资源和目标，以创建通用联系中心。经济高效、实时提供一流客户服务的先进工具，从而带给企业丰厚的利润。Internet 呼叫中心结构如图 13-2 所示。

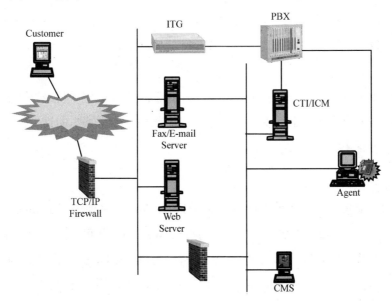

图 13-2　Internet 呼叫中心结构图

当通过 Web 自助服务不能完成交易时，Internet 呼叫中心可为客户提供"支持服务"。它充分利用了现有的呼叫中心和 Web 站点基础设施，从而提高了企业每项投资的价值，使客户可以在需要时得到业务代表的支持。

通过与 Internet 连接的同一条电话线路和/或通信链路，Internet 呼叫中心解决方案可以提供客户与业务代表间的双向通信。并可支持话音呼叫的排队与智能路由选择、文本交谈、电子邮件、传真信息和回叫请求。此外，在不久的将来还将支持视频会议。

1. 客户环境

为充分利用 Internet 呼叫中心的话音和文本交谈功能，客户/最终用户须配备具备多媒体功能的 PC，并有符合 H.323 标准的电话应用软件运行在 Windows XP 及以上版本的平台上，可通过 Internet 服务供应商（ISP）实现 Internet 接入功能，并使用基于 Java 的 Web 浏览器，如 Microsoft Internet Explorer 或 Netscape Navigator。

2. 呼叫中心环境

在企业端，需将 Internet 电话网关（ITG）与 PBX 集成，以接收 Internet 上从客户到呼叫中心业务代表的话音呼叫（VoIP）。完成电子邮件和传真处理的非实时交易的排队与路由选择功能需要有符合 POP3 的邮件服务器，如带有 Internet 信息处理功能的服务器系统。

此外，高速的 LAN 连接和辅助交换应用接口（ASAI）软件提供了到 PBX、CTI 服务器、Internet 电话网关（ITG）、邮件服务器和业务代表 PC 间的链接。专家业务代表选择（EAS）功能和自动呼叫分配（ACD）功能的结合使用，可以进行 Internet 呼叫排队和路由选择、发送电子邮件和传真，其方式与呼叫中心的普通呼叫（如"800"呼叫）路由选择相同。

呼叫中心业务代表桌面系统必须配有 PC 和相应的 32 位操作系统及基于 Java 的 Web 浏览器，但不需要桌面扬声器、麦克风或电话应用软件，因为呼叫的话音部分通过 PBX 提供到兼容的电话上。

3. 呼叫路径

在最终用户配备有多媒体个人计算机的情况下，客户可以使用基于 Java 的浏览器来接入万维网。当访问 Web 站点时，客户只需点击 Web 网页就可与业务代表通话，而不必终止浏览和等待回叫。客户只需使用 Web 网页接口就可以进行所需的呼叫：Internet 话音呼叫、文本交谈或通过公用交换电话网络（PSTN）的普通电话回叫。

应用程序使用与 ISP 连接的同一条电话线路，通过 Internet 将呼叫发送到呼叫中心的 Internet 电话网关（ITG）。Internet 呼叫中心可以与许多现有的防火墙设置共同运行，允许客户及时而又可靠地与业务代表通信，而不会引起安全隐患。特殊的软件使 Internet 上的呼叫更容易通过企业防火墙中复杂的协议，同时又可维护防火墙的安全性。

ITG 可以将用 Java 编写的呼叫控制应用程序片段下载到客户的 PC 上，以启动 Internet 电话应用程序。呼叫控制程序片段为客户提供呼叫状态信息和接口，从而使客户可以取消呼叫、执行文本交谈或打印数据，以充分实现与呼叫中心业务代表的合作。

4. 业务代表控制窗口

当呼叫控制程序片段被下载到客户的浏览器上后，ITG 通过 ISDN 将呼叫发送到 PBX，并根据发出呼叫的 Web 网页的呼叫引导号码（VDN）进行排队。同时，客户可继续在网上浏览，或从 Web 站点将客户感兴趣的网页发送给客户。

业务代表可以使用同一种设备来处理普通的话音呼叫和 Internet 话音呼叫，这两种呼叫的发送程序对业务代表而言都是透明的。当呼叫发送到业务代表的终端时，CTI 服务器同时向 ITG 发出一条"呼叫应答"信息，ITG 随后即为业务代表的 PC 提供一个 URL，屏幕弹出客户发起呼叫时的网页。如果客户正在网上浏览，他/她将返回到该 Web 网页。

当客户和业务代表通过话音或文本交谈方式进行交流时，Web 网页将实现共享。客户在网站上进行浏览的同时，业务代表将回答问题或帮助客户订购商品。在文本交谈模式下，将为业务代表提供存储的信息和问题屏幕显示，从而缩短呼叫处理时间。业务代表将客户引导到相关站点，以提供更多的信息、显示产品图片和跨组销售或升级销售。最后，业务代表将通过 Web 表格共享来帮助客户快速而又准确地完成订购。

业务代表还可以利用 CTI 链路发送的信息来查看客户状况和企业数据库中已有的其他相关的客户信息，从而进一步帮助业务代表了解客户的需求，提供更加个人化的服务。

13.3.4　功能强大的呼叫中心

1. 通过 Internet 的接入选择

Internet 呼叫中心允许客户使用满足他们需要、喜好或设备功能的任意接入方式，从而与呼叫中心业务代表充分合作。Internet 电话可以通过 Internet 发送呼叫，从而有效利用单条电话线路来处理话音和数据。其接入选择具体包括：文本交谈，格式化/非格式化的电子邮件，回叫，未来的选择（如 Internet 上的视频通信，从而进一步提高企业服务能力，使其能提供及时、可靠、高科技的服务）。

2．更强的协作能力

将现有 CTI 应用和标准的呼叫中心功能与 Internet 的实时交互性相结合，Internet 呼叫中心可提供高效的业务代表和客户间的协作性。同时，这又使业务代表可以利用呼叫中心更多的技术和资源，提高对客户的支持能力。

当 Internet 呼叫发生时，Web 网页屏幕自动弹出功能为业务代表和客户提供丰富的背景信息，增强业务代表工作的主动性，增强客户体验。护卫式（Escorted）浏览使业务代表和客户可以独立地在网上浏览，并通过点击呼叫控制程序上的"发送网页"按钮与浏览器保持同步，以同时浏览同一网页。

3．最大程度提高呼叫中心功能

通过 Internet 接收到的呼叫将被转换成电路交换式呼叫，通过 PRI 设施发送，并使用 PBX 呼叫中心中相同的排队和呼叫引导功能来进行路由选择。呼叫中心只需在 EAS 标准中增加一些新的技能，就可处理 Web 站点生成的呼叫。除了 Internet 呼叫以外，专家业务代表仍可继续根据 EAS 来处理普通的话音呼叫。

除了提供呼叫排队时的应用程序信息外，Internet 呼叫中心还可以为客户提供经过重新确认的信息的 Web 网页，为客户显示一个可以告诉该客户他/她在队列中的具体位置的网页。例如，在应用中可以将 URL 与呼叫状态相关联。如果因所有 ITG 均在使用而使呼叫不能排队，应用程序将提供延迟道歉 Web 网页，并请求客户稍后再拨，或选择拨打公司的"800"号码。

呼叫管理系统（CMS）像管理传统的话音呼叫一样，对通过呼叫中心的 Internet 呼叫进行全程跟踪管理，还能收集有关基于 Internet 呼叫中心的 Web 网页的点击次数等网络数据。因而，CMS 能提供有关市场分析、销售与业务发展战略及对呼叫中心和 Web 网页进行有效管理的信息。

13.4　呼叫中心的应用实例

这里以某银行为例说明呼叫中心的应用结构。

13.4.1　系统硬件结构

整个系统的物理构成包括：程控交换机、交互式语音应答系统（IVR）、计算机电话集成系统（CTI）、座席、呼叫管理系统、电话录音留言系统、数据库服务器、WWW 服务器、网络系统，其物理结构如图 13-3 所示。

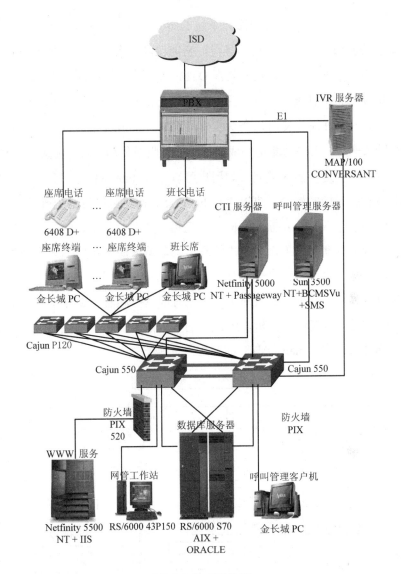

图 13-3　系统内部物理结构图

13.4.2　应用软件系统

1．系统概述

银行客户服务中心作为一个面向客户的应用系统，将传统的银行柜台业务延伸到了客户的单位、家庭，这就要求系统有良好的客户处理界面、较快的响应速度和较高的可靠性，应用系统的开发设计应基于这些前提进行。

银行客户服务中心应用软件由四部分组成：话务员（业务代表）处理子系统、IVR子系统 、管理子系统、Internet 子系统，参见图 13-4 所示。话务员处理子系统是系统接

入的人工处理部分，金融客户服务系统的所有业务处理都可以通过该子系统完成。IVR
子系统的功能相当于一个自动话务员，它能在没有人工干预的情况下自动处理部分银行
客户服务系统业务，另外还负责处理 DTMF 信号处理、FAX 处理及寻呼机的处理。管理
子系统可以对整个软硬系统的应用情况进行配置和管理，它整体上分为两部分：系统管
理和业务管理，每部分又由几个功能模块组成。Internet 子系统对于金融客户服务系统建
设的现阶段来说，主要功能是完成电子邮件的收发处理，随着金融客户服务系统的完善，
其功能可以得到进一步的扩充，如用户可以通过 Internet 访问金融客户服务系统的数据
库得到自己感兴趣的资料，可以通过 Internet 查询自己投诉的处理情况等。

　　系统的各个环节相互独立，同时又互相联系，对于系统的某次处理，其数据来源可
能是上次数据处理的结果，如日志管理，其数据来源是系统当天交易处理的结果。整个
系统中，与客户相关的处理是 IVR 子系统和话务员处理子系统，它们是银行客户服务系
统与客户的界面，管理子系统对于整个系统的运行起着重要作用，借助这些工具可以对
整个系统的运行状况做出分析，Internet 子系统提供了客户服务中心与 Internet 的接口，
使得系统可以通过 E-mail、VoIP 回复客户。

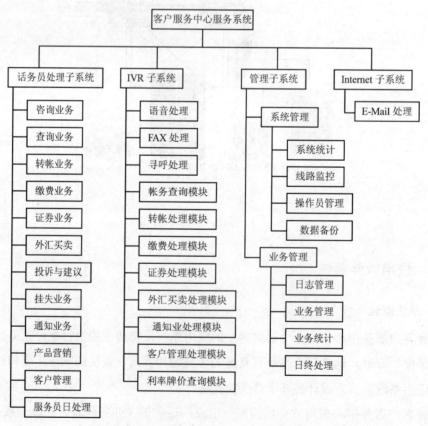

图 13-4　客户服务中心模块结构图

2．系统特点

1）系统整体结构分布合理、科学，各子系统界面清晰

银行客户服务中心软硬件结构复杂，在进行系统及应用软件设计时，充分考虑了系统的复杂性，对系统的结构进行了清晰的划分。应用软件的系统设计按照软件功能不同，按模块进行划分，模块层次分明，各模块的功能相对独立，模块与模块之间的接口定义明确。这种设计思想给银行客户服务中心的维护工作带来了极大的方便。

2）操作界面友好，操作简单

座席操作界面采用 Windows 图形界面，话务员对计算机的绝大部分操作都可以通过拖拉、点击鼠标完成，这样处理大大减轻了对话务员培训的工作量，也使话务员的工作效率大大提高。

班长席、应用系统管理同样采用图形界面处理，还可以采用饼形图、条框图及折线图对业务数据进行分析处理，能直观地得到处理结果。

3）查询功能非常灵活

系统的业务查询功能非常强，各业务子系统都有自己独特的数据查询方式，如业务咨询模块提供分类检索、关键字快速检索、全文检索三种方式，关键字快速检索与全文检索又都可和分类检索结合使用，以缩短检索时间，提高工作效率。业务查询提供的检索工具不仅可以查询账户余额、账户明细，还可以根据客户提供的交易的特征，查询该交易的其他特征，如根据交易额查询交易日期。

4）系统管理实现统一管理

银行客户服务中心应用系统的数据处理主要由三部分完成：一部分在数据库服务器；另一部分在 IVR；还有一部分由前端座席计算机完成，而且座席计算机可能有上百台，为了减轻数据管理的困难，我们对数据进行了统一的管理，如前端计算机应用系统的系统数据（如业务属性定义、业务种类、受理缴费业务种类等）并不是固定在座席业务系统，而是由数据库服务器取得，这样，业务出现变化时，我们只需修改数据库即可。例如，如果我们新开展一项代收电费业务，我们对座席计算机不需进行任何改动，只须在数据库中对代收电费业务定义即可。

5）系统安全可靠

应用系统的数据安全可靠是由系统设计决定的。我们采用几种方式保证其交易数据的安全，如转账密码与客户密码分开、对话务员隐藏用户密码等。对于操作员，系统明确区分话务员与系统管理员，并严格定制其操作权限。另外，我们还使用前置机将金融客户服务系统同业务数据库从网络上和应用上隔离。

13.4.3　业务应用举例（产品营销）

1. 产品营销概述

银行在其业务发展的过程中，新的业务品种不断推出。让客户了解推出的金融产品的优点及产品的特点，是扩大产品影响的根本手段。银行客户服务中心的产品营销提供给银行一个完善的产品营销手段。

作为金融产品的营销工具，银行客户服务中心充分考虑了系统的处理效率和处理质量，产品营销子系统具有以下特点。

1）业务定向宣传

产品营销宣传的客户范围可以根据系统提供的客户资料库，有目的地选择客户宣传的范围。这样可以使宣传重点突出，避免盲目宣传。

2）业务处理高效性

宣传业务处理的高效性一方面体现在宣传业务的处理发生在话务员空闲时段，可以使话务员高效率工作；另一方面系统在客户资料及产品的优点、特点上可以给话务员详尽的提示，使话务员在对客户和产品比较熟悉的情况下与客户交流。

3）业务处理自动化程度高

系统的处理自动化程度高体现在：①自动搜寻空闲话务员；②自动呼叫处理。

系统对客户电话的呼叫工作是自动完成的。如果被叫电话没有接通，系统会自动登记呼叫失败原因，如占线、无人应答、空号等，并根据失败原因，采取对该客户的下一步动作。

4）高效的系统统计工具

话务员根据与用户的交流，将用户反馈登记在数据库中，产品营销的统计工具可以根据用户的反馈信息对营销效果按产品类别、客户职业等进行统计，其处理结果供领导决策者参考。

2. 产品营销的实现

产品营销作为主叫业务，其处理流程与电话通知处理流程类似，如图 13-5 所示。

1）产生客户样本

利用系统提供的工具产生客户样本是产品营销的首要问题，客户样本产生工具可以按照下列条件产生客户样本：客户性别；客户年龄段；客户账户性质；客户账户资金金额；客户职业类别；客户信誉等级。

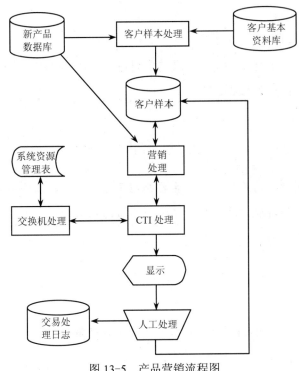

图 13-5　产品营销流程图

2）接通客户与话务员电话

接通客户与话务员的电话是一个复杂的处理过程，主要经过如下几个步骤：

（1）查询空闲的话务员。查询空闲话务员的处理由 CTI 服务器完成。应用系统将请求发给 CTI 服务器，CTI 服务器收到请求后，会监控话务员是否有空闲，如果有空闲，会将此消息传给应用系统。

（2）系统自动拨打客户电话或寻呼台电话。应用系统得知有话务员空闲，将从客户样本数据库中取出一条客户记录，并将客户记录的客户号码、客户电话、产品种类编号等有关数据回复给 CTI 服务器，CTI 服务器将呼叫请求转发给 PBX，同时对呼叫处理结果进行监控。如果客户电话接通，CTI 服务器一方面将此消息通知应用，一方面通知交换机将话路接续到座席。

（3）更新话务员屏幕。后台应用系统收到 CTI 转过来的话路接通消息后，根据 CTI 的命令，将产品资料传送给指定的座席计算机，座席计算机会弹出有关产品资料的内容，提示话务员将此产品介绍给客户。

（4）接通话务员电话。交换机接到 CTI 发出的接续命令后，将话路接续到座席。

3）话务员交流

话务员根据计算机提供的客户资料、产品资料等信息，将产品介绍给客户，同时，倾听客户对产品的意见。

4）话务员整理资料

话务员结束和客户的通话后，将记录的资料进行整理、存档，以便对产品进行统计、评价，为今后产品的改进作依据。

 小结

本章讨论了呼叫中心的基本知识，主要介绍了呼叫中心在客户关系管理中的重要地位，阐述了呼叫中心的实现方法，分析了呼叫中心的基本结构及其组成部分，探讨了互联网呼叫中心的特点。

 习题

1. 呼叫中心在 CRM 中的地位是什么？你是如何理解的？
2. 呼叫中心常有哪些实现方法？
3. 呼叫中心的基本结构是什么？常有哪些组成？
4. 互联网呼叫中心的特点是什么？举例说明。

参 考 文 献

[1] 21IC 中国电子网. 2010 年智慧地球与物联网将开始腾飞 [EB/OL].[2009-11-05].
[2010-02-30]http://www.21ic.com/news/rf/200911/50356.htm.

[2] 温家宝提出将无锡建成"感知中国"中心，指导物联网发展[EB/OL].[2010-02-30].
http://www.cnii.com.cn/20080623/ca599217.htm.

[3] 温家宝：要着力突破传感网物联网关键技术[EB/OL].[2010-02-30].http://news.
ccidnet.com/art/1032/20100308/2007627_1.html.

[4] 物联网在中国：运营商成物联网应用先锋[EB/OL].[2010-02-30].http://www.cnr.cn/
allnews/201002/t20100208_506001699.html.

[5] 地方两会聚焦"物联网" [EB/OL]. [2010-02-30].http://news.ccidnet.com/2010/0309wlw.

[6] 卢菲菲. 国际电信联盟年度报告，物联网促进 RFID 技术推广 [EB/OL].
[2010-02-30].http://www.rfidworld.com.cn/news/2005121938522662.htm.

[7] 刘玮，王红梅，肖青，等. 物联网概念辨析[J]. 电信技术，2010(1): 5-8.

[8] 沈杰，邢涛. 传感网标准化分析[J]. 电信技术，2010(1): 13-15.

[9] 中国移动在物联网的实践与创新[EB/OL]. [2010-02-30]. http://www.icbuy.com/info/
news_show/info_id/44235.html.

[10] 宁焕生，王炳辉. RFID 重大工程与国家物联网[M]. 北京：机械工业出版社，2008.

[11] AutoID Labs homepage [EB/OL]. http://www.autoidlabs.org.

[12] ITU. Internet Reports 2005: The Internet of Things. Geneva, ITU, 2005.

[13] European Research Projects on the Internet of Things (CERP IoT) Strategic Research
Agenda (SRA) , Internet of Things–Strategic Research Roadmap, Brussels, ETSI, 2009.

[14] 温家宝. 2010 年政府工作报告[EB/OL]. [2010-03-15]. http: //www.china.com.cn/
policy/txt/2010/03/15/content_19612372.htm.

[15] ITU-TY. 2221, requirements for support of ubiquitous sensor network applications and
services in NGN environment [S]. Geneva, ITU, 2010.

[16] ITU-TY. 2002, Overview of ubiquitous networking and of its support in NGN [S].
Geneva, ITU, 2010.

[17] M2M Activities in ETSI（2009-07-09）[EB/OL]. [2010-05-12] http: //docbox. etsi.org/ M2M/Open/Information/M2M_presentation.ppt.

[18] 中国移动通信集团企业标准. M2M 平台设备规范 V1.1.0[S]. 北京：中国移动通信集团，2007.

[19] 原磊. 国外商业模式理论研究评介[J]. 外国经济与管理，2007，29(10): 17-18.

[20] 张其翔，吕廷杰. 商业模式研究理论综述[J]. 商业经济，2006(30): 14.

[21] 中华人民共和国工业和信息化部. 2008 年 11 月通信业主要指标完成情况[R]. 2008.

[22] 中国互联网络信息中心. 第 23 次中国互联网络发展状况统计报告[R]. 2009.

[23] 孙浩茗，宋娟. 移动互联网发展策略探讨[J]. 通信技术政策研究，2008. 6 28.

[24] 赵庆. 韩国移动互联网动态与启示[J]. 通信世界，2003，10(20): 34.

[25] 物联网发展状况调查报告[R]. 中国互联网络信息中心：CNNIC，2007(5).

[26] 宋军. 建立多赢新模式构筑产业生态圈：日本 NTT DOCOMO 公司 i-mode 业务发展透视[J]. 中国无线电管理，2000(2): 46.

[27] 国脉物联网. 国外物联网发展综述[EB/OL]. 2010.

[28] 中国信息产业网. 国外物联网发展各显神通值得借鉴[EB/OL]. 2011.

[29] 王李跟. 基于"云计算"的电子商务应用初探[J]. 电脑编程技巧与维护，2010(3): 70-72.

[30] 饶少阳. 向云计算靠拢[J]. 信息网络，2008(8): 5-9.

[31] 陈拥军. 电子商务应用与技术[M]. 北京：清华大学出版社，2010.

[32] 郝轩，李瑞. 基于 SOA 电子商务系统的研究[J]. 知识经济，2007(11).

[33] 张冬青. 云计算对电子商务发展的影响[J]. 学术交流，2010(4): 135-138.

[34] 匡胜徽，李勃. 云计算体系结构及应用实例分析[J]. 计算机与数字工程，2010(3): 60-65.

[35] 张为民，唐剑峰，罗治国. 云计算深刻改变未来[M]. 北京：科学出版社，2009.

[36] 刘鹏. 云计算[M]. 北京：电子工业出版社，2010.

[37] 陈全，邓倩妮. 云计算及其关键技术[J]. 计算机应用. 2009(9): 2562-2567.

[38] 王倩，潘郁. 云计算平台下的电子商务[J]. 电子商务，2009(11): 63-66.

[39] 张敏，陈云海. 虚拟化技术在新一代云计算数据中心的应用研究[J]. 计算机应用，2009(5): 35-39.

[40] 朱近之. 智慧的云计算[M]. 北京：电子工业出版社，2010.

[41] 杨正洪，郑齐心，吴寒. 企业云计算架构与实施指南[M]. 北京：清华大学出版社，2010.

[42] 曹磊. 2010 年度中国电子商务市场数据监测报告[R]. 杭州：中国电子商务研究中心，2011.

[43] 李英，孙学文. 中小企业电子商务发展现状与对策研究[J]. 特区经济，2009(11): 221-224.

[44] 彭欣. 中小企业第三方电子商务模式探究[J]. 中国管理信息化，2006(1): 51-53.

[45] 喻光继. 关于中小企业电子商务应用模式研究[J]. 商场现代化，2007(33): 142-143.

[46] 原娟娟. 中小企业发展电子商务模式思考[J]. 现代商贸工业，2009(22): 255-257.

[47] 单子丹，翟丽丽. 中小企业电子商务发展阶段及其应用模式研究[J]. 哈尔滨理工大学报，2005(4): 121-124.

[48] 罗庆容，翟大昆. 基于云计算的电子商务模式[J]. 现代经济，2008(8): 49-110.

[49] 邓佰臣. 下一代电子商务[M]. 北京：电子工业出版社，2009.

[50] 陈鹏，薛恒新. 面向中小企业信息化的 SaaS 应用研究[J]. 中国制造业信息化，2008(1).

[51] 王兴鹏，王学辉. 基于 SaaS 的中小企业信息化建设新模式[J]. 管理科学文摘，2008(4): 48-49.

[52] Lin Geng, Fu David, Zhu Jinzy. Cloud computing: IT as a service[J]. IT Professional，2009(11): 10-13.

[53] MILLER M.云计算[M]. 姜进磊，孙瑞志，向勇译. 北京：机械工业出版社，2009.

[54] 李慧，胡桃. 信息服务类电子商务模式分析[J]. 北京邮电大学学报（社会科学版），2007(2).

[55] 袁雨飞，王有为，胥正川. 移动商务[M]，北京：清华大学出版社，2006.

[56] Jie Zhou, Bingyong Tang, Demin Li. Partition Digraph for Location Area Management in Mobile Computing Environment [J]. International Journal of Nonlinear Sciences and Numerical Simulation, 2004, 5(4).

[57] I F Akyildiz. Mobility Management in Next-Generation Wireless Systems [J]. Proc. IEEE, 1999, 87(8): 84-1347.

[58] J Z Sun, J. Sauvola. Mobility and Mobility Management: A Conceptual Framework [EB/OL]. 2002. http://citeseer.nj.nec.com.

[59] W C Peng, M S Chen. Developing Data Allocation Schemes by Incremental Mining of User Moving Patterns in a Mobile Computing System [J]. IEEE Transactions on Knowledge and Data Engineering, 2003, 15(1): 70-85.

[60] W S Wong, V C M Leung. Location Management for Next-Generation Personal

Communications Networks [J]. 2000, 14(5): 18-24.

[61] 薛丹，周洁，李德敏. 移动计算中的局部线性预测[J]. 计算机工程与应用, 2004, (40) 27.

[62] 李德敏，周洁，盛昭瀚. Rough set 理论提取决策规则的信息度量研究[J]. 计算机工程与应用，2003, (39)2.

[63] 刘刚，李德敏. 基于 RS 在移动计算中的规则提取与仿真[J]. 计算机工程与应用，2003(1).

[64] 刘宇，朱仲英. 位置信息服务：LBS 体系结构及其关键技术[J]. 微型电脑应用, 2003，19(5).

[65] 邹晓红，郭景峰. 移动客户机缓存预取策略的研究[J]. 信息技术，2004，28(2).

[66] 曹忠升，黄林. 移动计算环境中一种基于分簇的缓存替换策略：CFSLR [J]. 计算机工程，2003，29(7).

[67] PAWLAK Z . Rough set approach to knowledge-based decision support [J]. European Journal of Operational Research, 1997, (99): 48-57.

[68] 苗夺谦，王珏. 粗糙集理论中概念与运算的信息表示[J]. 软件学报，1999，10(2): 113-116.

[69] Z Pawlak. Drawing conclusions from data-Rough set way [J]. International Journal of Intelligent Systems, 2001, 16(1): 3-11.

[70] 胡虚怀，郑若忠. 移动数据库及其关键技术[J]. Applications of the Computer Systems，2001.

[71] 蔡忠善. 移动计算和移动数据库在我国的应用前景[J]. 软件世界，2001，(4): 76-79.

[72] 王珊，丁治明，张孝. 移动数据库及其应用[J]. 计算机应用，2000，20(9).

[73] 李东，曹忠升，冯玉才，等. 移动数据库技术研究综述[J]. 计算机应用研究，2000(10).

[74] S Jordan, A Khan. A performance bound on dynamic channel allocation in cellular systems: equal load [J]. IEEE Trans. Veh. Technol. 1994, 43(2): 333-344.

[75] Jie Zhou, Bingyong Tang, Demin Li. Mobile Data Services and Mobile Decision Support [J]. Services Systems and Services Management, 2005.2005, 2:1351-1354.

[76] T Mollestad, A Skowron. A Rough Set Framework for Data Mining of Propositional Default Rules [J]. The 9th International Symposium on Methodologies for Intelligent Systems (ISMIS'96), 448-457, 1996.

[77] J P Bigus. Data Mining with Neural Networks: Solving Business Problems-From

Application Development to Decision Support[M]. New York: McGraw-Hill, 1996.

[78] C W Holsapple, A. B. Whinston. Decision Support System: A Knowledge-based Approach. St. Paul: West Publishing, 1996.

[79] J F Courtney. Decision Making and Knowledge Management in Inquiring Organizations: toward A New Decision-making paradigm for DSS [J]. Decision Support Systems, 2001.

[80] Shiow-yang Wu, Kun-Ta Wu. Dynamic Data Management for Location Based Services in Mobile Environments [J]. Seventh International Database Engineering and Applications Symposium (IDEAS'03), 2003(7).

[81] Julie Hodgkin, Jocelyn San Pedro, Frada Burstein. Decision Support in an Uncertain and Complex World [J]. The IFIP TC8/WG8.3 International Conference, 2004.

[82] 曹钰，刘义乐，徐宗昌. 应急物资保障决策支持系统研究与设计[J]. 计算机应用，2003, 23(2).

[83] 毛锋，程承旗，孙大路. 地理信息系统建库技术及其应用[M]. 北京：科学出版社，1999.

[84] 翟晓敏，盛昭瀚，何建敏，辅助应急管理系统的设计与实现[J]，东南大学学报（自然科学版），1999，28(3): 49-53.

[85] 管春，胡军. 基于 Java 的远程应急群体决策支持系统方案传输系统的实现[J]. 系统工程理论方法应用，2003, 11(1).

[86] 周洁，李德敏. 群决策一致性寻求方法与算法[J]. 系统工程理论与实践，1999, 19(6).

[87] Constantions J Stefanou, Christos Sarmaniotis, Amalia Stafyla. CRM and customer-centric knowledge management: an empirical research [J]. Business Process Management Journal, 2003,9(5): 617-634.

[88] Chris Drake, Anne Gwynne, Nigel Waite. Barclays Life customer satisfaction and loyalty tracking survey: a demonstration of customer loyalty [J]. International Journal of Bank Marketing, 2003, 16(7): 287-292.

[89] Chung-Hoon Park, YOUNG-Gul Kim. A framework of dynamic CRM: linking marketing with information strategy [J]. Business Process Management, 2003, 9(5): 652-671.

[90] Liz Lee-Kelley, David Gillbert, Robin Mannicom. How e-CRM can enhance customer loyalty [J]. Marketing Intelligence & Planning, 2003,21(4): 239-248.

[91] Meng Li, Fei Gao. Why Nonaka highlights tacit knowledge: a critical review [J]. Journal of Knowledge Management, 2003, 7(4): 6-14.

[92] Michael Gibbert, Marius Leibold, Gilbert Probst. Five styles of customer knowledge management and how smart companies use them to create value [J]. European Mangement Journal, 2002, 20(5): 459-469.

[93] Romano N C. Customer relationship management in information systems research [J]. Proceedings of the America's Conference on Information Systems（AIS2000）. Longbeach, California,USA, 2000.

[94] Romano N C. Customer relationship management research: an assessment of sub field development and maturity [J]. Proceedings of the Thirty-Fourth Annual Hawai'I International Conference on Systems Sciences, 2001.

[95] Tihomir Vranesevic, Claudio Vignali, Daniella Vignali. Culture in defining consumer satisfaction in marketing [J]. European Business Review, 2002,14(5): 364-374.

[96] Yooncheong C. An analysis of online customer complaints: implication for web complain management[J]. Proceedings of the Thirty-Fifth Annual Hawai'I International Conference on System Sciences, 2002.

[97] 齐佳音，韩新民，李怀祖. 客户关系管理的管理学探讨[J]. 管理工程学报，2002，16(3): 31-33.

[98] 王健康，寇纪淞. 客户关系管理价值链研究[J]. 管理工程学报，2002，16(4): 51-54.

[99] 齐佳音，李怀祖. 客户关系管理：CRM 的体系框架分析[J]. 工业工程，2002. 5(1): 42-45.

[100] 王素芬，汤兵勇. 客户终生价值模型的研究[J]. 黑龙江大学自然科学学报，2002.2.

[101] Wang Su-fen, Tang Bing-yong, Chen Jing-xian. An Approach to Modeling the Customer Loyalty[J]. 2002 International Workshop on Management Theory and Application under Electric Commence.

[102] 王素芬，汤兵勇. 客户终生价值分析[J]. 东华大学学报（社会科学版），2002(2).

[103] 汤兵勇. 客户关系管理[M]. 北京：电子工业出版社，2010.

[104] 董金祥，陈刚，尹建伟. 客户关系管理 CRM[M]. 杭州：浙江大学出版社，2002.

[105] 王广宇. 客户关系管理（CRM）：网络经济中的企业管理理论和应用解决方案[M]，北京：经济管理出版社，2001.

[106] 田同生. 客户关系管理的中国之路[M]. 北京：机械工业出版社，2001.

[107] 吕廷杰，尹涛，王琦. 客户关系管理与主题分析[M]. 北京：人民邮电出版社，2002.

[108] 弗雷德里克·纽厄尔. 网络时代的顾客关系管理[M]. 李安方，译. 北京：华夏出版社，2001.

[109] 约翰·麦凯恩. 信息大师：客户关系管理的秘密[M]. 上海：上海交通大学出版社，2001.

[110] 辛德尔. 忠诚营销：E 时代的客户关系管理[M]. 阙澄宇，等译、北京：中国三峡出版社，2001.

[111] 陈明亮. 客户生命周期模式研究[J]. 浙江大学学报（人文社会科学版），2002(6).

[112] 李小圣. 客户关系管理一本通. [M]. 北京：北京大学出版社，2008.

[113] 格莱汉姆·罗波兹. 超越客户：客户关系管理 10 项修炼[M]. 复苗，等译. 北京：中国水利水电出版社，2005.

[114] 赵烨. 商业银行客户关系管理的理论与实践[M]. 重庆：重庆大学出版社，2007.

[115] 蒋歆，许坤. MySAP 客户关系管理[M]. 北京：东方出版社，2005.

[116] 郑玉香. 客户资本价值管理[M]. 北京：中国经济出版社，2006.